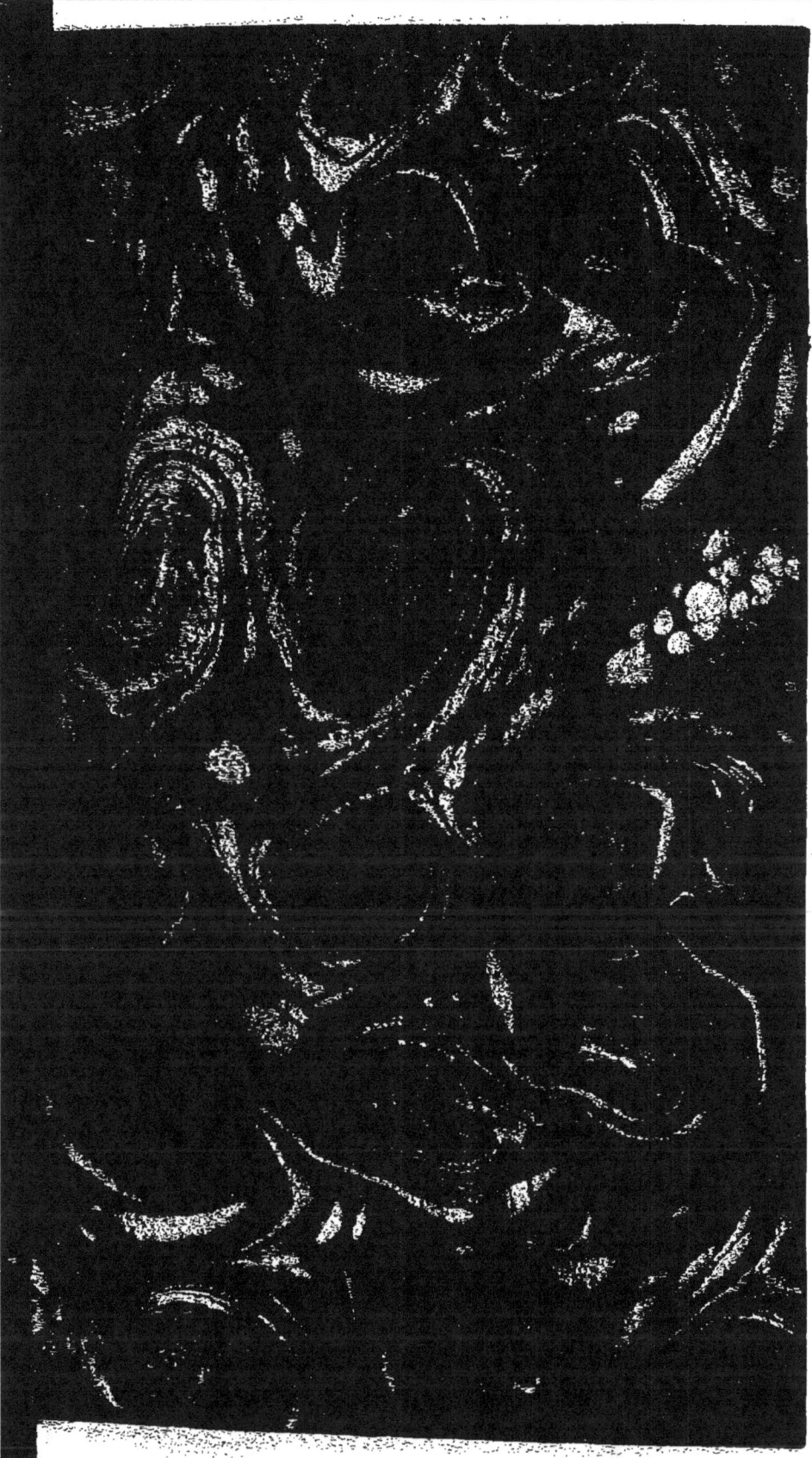

S. A. A. nº 3543 — 4184 212

Cax. senyou. 4707.

HISTOIRE
DU
MONT VÉSUVE,
AVEC

L'EXPLICATION DES PHENOMENES
qui ont coûtume d'accompagner les
embrafements de cette Montagne.

*Le tout traduit de l'Italien de l'Académie des Sciences
de Naples.*

Par M. DUPERRON DE CASTERA.

DÉDIÉE A MONSEIGNEUR LE DAUPHIN.

A PARIS, RUE S. JACQUES,
Chez HUART, Libraire-Imprimeur de Monfeigneur
le Dauphin, à la Juftice.

M. DCC. XLI.
Avec Approbation & Privilége du Roy.

A
MONSEIGNEUR
LE DAUPHIN.

ONSEIGNEUR,

L'honneur d'avoir été nommé votre Imprimeur & Libraire

a ij

m'enhardit à Vous préſenter cette Relation de la derniere Eruption du Mont Véſuve ; événement triſte en lui-même, mais cependant d'un heureux augure pour les Peuples du Royaume de Naples, &, j'oſe ajoûter, honorable en quelque ſorte pour les François ! Cet Incendie, le plus terrible dont l'Hiſtoire ait fait mention, eſt une époque à jamais célébre, qui ne permettra pas d'oublier en quel temps un Prince de la Maiſon de BOURBON a commencé d'être paiſible Poſſeſſeur du Trône des deux Siciles. Les ſentiments de pitié qu'un ſi funeſte accident a fait naître dans le cœur de ce

EPITRE.

jeune ROI ; les soins que sa Prudence a pris de remédier aux désordres arrivés ; la noble curiosité qu'il fait voir d'être instruit des matiéres de Physique ; cette Relation même que j'ose Vous offrir, MONSEIGNEUR, faite par ses ordres, & publiée sous ses auspices, sont des preuves que le Sang Royal de France ne se dément point, & que son destin est de donner aux Peuples, des Peres dans leurs Rois, & des Protecteurs aux Sciences, aux beaux Arts, & aux Talents. C'est une vérité dont Votre Auguste Enfance, MONSEIGNEUR, a été encore une nouvelle preuve.

EPITRE.

Combien d'heureuses espérances ne nous fait-elle pas concevoir? Il ne m'appartient point d'élever ni ma voix pour célébrer tout ce qui cause en Vous notre admiration, tout ce que Vous nous faites entrevoir dans l'avenir de grand & de glorieux, tout ce qui Vous rend digne de partager dès-à-present avec le Roi *Votre Pere, l'amour que nous avons pour lui : c'est à des vœux que je me dois borner. Daigne le Ciel, pour Vous,* MONSEIGNEUR, *& pour nous, conserver les jours d'un* Roi *si cher à ses Sujets! Puissent, dans le cours d'un Régne aussi long que pacifique, ses*

EPITRE.

Vertus nous le faire aimer de plus en plus, & Vous instruire parfaitement du grand Art de régner.

Permettez-moi, MONSEIGNEUR, *de vous demander l'honneur de votre Protection pour ce Livre, déja trop heureux de ce qu'il me procure l'avantage de vous donner une marque de mon zéle, & du plus profond respect avec lequel je suis*,

MONSEIGNEUR,

Votre très-humble & très-obéïssant Serviteur,

HUART.

AVIS DU LIBRAIRE.

Cet Ouvrage étant le fruit des travaux d'une Compagnie célébre de Gens de Lettres, la Traduction n'en devoit sans doute être dédiée qu'à cette même Compagnie : c'étoit aussi l'intention du Traducteur. Mais il n'a pû se refuser à ma situation. Honoré depuis peu de la qualité d'Imprimeur & Libraire de Monseigneur le DAUPHIN, ce m'étoit un devoir indispensable de lui consacrer le

premier Livre que je donne-
rois au Public. Ce devoir
rempli, m'impose la Loi de
témoigner hautement à M.
de Castera combien je suis
sensible à sa politesse, & de
suppléer, autant qu'il est en
moi, par cet Avis, au desir
qu'il avoit de donner à l'A-
cadémie des Sciences de
Naples, des marques publi-
ques de son estime & de son
respect pour elle.

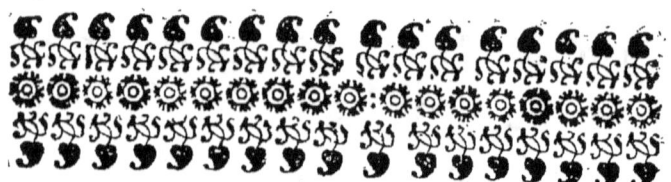

AVIS
DU
TRADUCTEUR.

J'Ose me flatter qu'en publiant la Traduction de cette Histoire du Vésuve, je fais un vrai présent à ma Patrie ; car nous n'avions encore dans notre Langue aucun détail bien exact, bien circonstancié, qui nous peignît tous les Phénomenes des Volcans.

Désormais nous ne nous

plaindrons plus d'une semblable difette; on nous donne un tréfor d'obfervations faites avec foin, avec méthode, avec fagacité : ce ne font point là des difcours jettés au hazard par des Voyageurs, qui fouvent n'ont examiné les chofes que d'un œil louche; ce ne font point des Relations populaires, où la foibleffe d'efprit, l'amour du merveilleux, & l'illufion des fens amenent prefque toujours le menfonge; c'eft l'ouvrage d'une Académie formée fous les yeux d'un grand Roi, qui n'eft pas moins cher aux François qu'aux Napolitains; c'est le rapport d'une Compagnie de Sçavants éclairés, qui ont pénetré dans le Sanctuaire de la Nature pendant l'Eruption de 1737.

Mes illustres Auteurs ont pris un ton Oratoire, dont je n'ai pas crû devoir m'écarter ; mon respect pour eux en a décidé de cette façon ; pensées, notes, style, tout leur appartient; la seule chose que je puisse revendiquer pour moi, c'est l'honneur d'avoir voulu étendre les lumieres de mes Compatriotes.

EPITRE
DES ACADÉMICIENS
AU ROY
DES
DEUX SICILES.

IRE,

S'il y a sujet de penser que le dernier Incendie du Vésuve soit arrivé par un Decret spécial de la Providence au commencement du Régne

de Votre Majesté, afin qu'aux yeux de vos Peuples & de tout l'Univers Vous puffiez fignaler l'attention, la générofité & la curiofité Philofophique dont Vous avez donné les plus belles preuves dans cette rencontre ; il ne paroît guéres moins convenable de préfumer que ce n'eft pas fans une efpéce d'arrangement de la deftinée, que cette Hiftoire, dont quelques accidens fufpendoient la publication, prend enfin l'effor dans la faifon heureufe, où Votre Majesté vient de fixer pour quelque temps fon féjour à Portici. Nous nous flattons que nos Mémoires auront l'air moins étranger dans cette campagne que dans tout autre climat, & qu'ils pourront même s'y préfenter d'autant plus à propos,

EPITRE.

que le Pays d'alentour offre de toutes parts quantité de vestiges fameux, qui semblent immortaliser les Eruptions du Mont voisin.

Cette interprétation ne doit point passer pour une cause recherchée frivolement dans le dessein d'excuser notre lenteur, dont beaucoup de monde aura pû s'ennuyer, ou bien dans l'idée d'annoncer sous un air mysterieux tout ce qui concerne en quelque façon la Personne sacrée de VOTRE MAJESTE'. Rien ne seroit plus mal fondé que le dernier de ces deux reproches ; mille expériences ont fait connoître la félicité merveilleuse qui accompagne vos nobles projets ; & l'on en parle de tous côtés avec tant d'éclat, que nous n'en pourrions rien dire qui s'élevât au-dessus des acclamations de l'Univers.

Mais à l'égard du premier reproche, il faut avouer qu'en considerant la médiocrité de notre Ouvrage, & les imperfections dont notre foiblesse l'aura sans doute surchargé, on pourroit nous accuser d'être trop présomptueux, si pour le montrer sous un aspect favorable, nous appellions au secours l'instinct des causes surnaturelles, que Dieu n'a consacrées qu'à l'accomplissement de vos grandes entreprises.

Ainsi, pour parler plus justement, c'est un rayon de fortune, qui veut que nous nous prosternions aux pieds de VOTRE MAJESTE', dans une circonstance où votre auguste loisir nous fait espérer que Vous daignerez bien recevoir ce petit Ouvrage, & peut-être

être même l'honorer d'un coup d'œil.

Dans cette idée, pleins d'une respectueuse confiance ; plus fortifiés encore par les fréquents témoignages de votre bonté, qui cherche les moyens d'avancer la culture & la perfection des beaux Arts ; charmés d'éprouver qu'en nous animant, cette même bonté nous fait toujours connoître qu'il n'est point pour nous d'aiguillon plus pressant, que la joie de sçavoir qu'un si grand Monarque daigne se contenter de nos desirs & de nos efforts ; nous Vous offrons, nous Vous consacrons, avec les sentiments de la vénération la plus profonde, ce Recueil d'Observations sur les Incendies du Vésuve.

Si notre travail peut trouver grace devant VOTRE MAJESTE', nous

nous persuadons que ce bonheur lui servira de rempart contre les assauts de la Critique, soit qu'on veuille nous accuser de violer les loix du Goût, lorsque nous négligeons d'expliquer les plus secretes causes des événements dont nous traçons l'histoire ; soit que d'autres Censeurs, poussant encore plus loin la délicatesse, nous blâment d'avoir développé nos pensées avec trop peu de Laconisme : qualité que nous aurions tâché de mettre dans notre Ouvrage, si nous avions imaginé qu'il ne dût tomber qu'entre les mains des Sçavants.

Au reste, que cette Relation soit défectueuse, que le même sujet puisse faire éclore beaucoup plus d'observations & d'expériences, nous le

EPITRE.

confessons ingénuement au pied de votre Trône Royal ; & dès que nous l'avouons dans cet endroit auguste, nous comptons que c'est l'avouer aux yeux de tout le monde.

Après cela, s'il arrive qu'on trouve quelque chose de bon dans le présent Ouvrage, ou dans les autres que nous pourrons donner à l'avenir, la gloire en est uniquement dûe à VOTRE MAJESTE', puisqu'à la seule influence de ses heureux auspices il étoit réservé de ranimer nos esprits languissants, & de nous placer dans le droit chemin, dans la noble carriere, où nous pourrons contribuer en quelque sorte au lustre de votre Régne, & à l'honneur de toute la Nation.

En attendant un si grand bon-

EPITRE.

heur, nous mettons cet Ouvrage; nous nous mettons nous-mêmes, avec nos Etudes, sous la Protection Royale de VOTRE MAJESTE', & nous prions Dieu de verser, tant sur votre Personne, que sur tout ce qui Vous appartient, un torrent de prospérités perpétuelles, comme il l'a fait d'une maniere si brillante jusqu'à ce jour.

HISTOIRE

HISTOIRE
DU
MONT VÉSUVE.

HISTOIRE DE L'INCENDIE du *Vésuve*, arrivé au mois de May 1737.

INTRODUCTION.

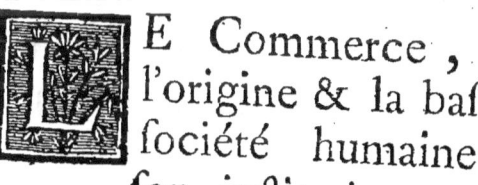E Commerce, qui est l'origine & la base de la société humaine, doit son institution aux sages arrangemens de la Nature ; elle n'a point distribué toutes choses à tous les hommes dans une por-

tion égale : de-là cet accord tacite, en vertu duquel nous cédons aux besoins d'autrui les biens que nous avons de trop, pour les richesses qui nous manquent ; de-là ces échanges mutuels, qui lient l'homme avec l'homme, & les Nations avec les Nations.

Ne doit-il pas en être de même pour le soutien de cette autre Société plus particuliére, où les gens de Lettres, quoique dispersés dans tout le monde, font ensemble un seul corps de famille ? Sans doute il le faut. La communication est nécessaire entr'eux ; chacun, pour l'utilité publique, doit mettre au jour les connoissances qu'il n'aura d'abord recueillies que pour soi, comme des fruits de son propre terrain.

Autant que ce dernier genre

de commerce est plus noble & plus franc que tout autre, autant est-il plus sûr & plus aisé dans l'exécution ; car dans les trafics ordinaires, qui fomentent le luxe, ou qui entretiennent les commodités, ce qu'on donne à son semblable, on se l'ôte à soi-même ; l'abondance ne sçauroit passer sous un ciel étranger, sans laisser quelque disette dans le climat d'où le Marchand l'emporte. Mais dans les trafics des Sçavans, tout ce qu'on partage avec autrui reste sans diminution entre les mains du premier possesseur : sa richesse en devient encore plus précieuse & plus stable.

Outre tant d'avantages, cette communication littéraire n'est pas d'une moins grande nécessité. Tous les esprits ne sont point égaux, tous ne sçauroient s'élever avec le même bonheur jusqu'au sommet des connoissances les plus sublimes : tel manque de lumiére & de pénétration; tel languit faute des secours dont il auroit besoin. Il faut donc nous prévaloir quelquefois du travail des autres, & tâcher d'avoir, par emprunt, ce que notre fonds ne nous fourniroit jamais.

Or, si cela est vrai en tout genre de Littérature, peut-on en douter dans l'Histoire naturelle, qui n'est qu'un tissu de mille phénoménes, & d'événements le plus souvent très-éloignés les uns des autres par la diversité des temps & des lieux?

Certainement si nous voulions nous en tenir au témoignage de nos sens, & aux lumiéres que nous présenteroient quelques observations faites dans un coin du monde, nous renfermerions les merveilles de la Nature dans des bornes trop étroites & trop misérables. Grande & immense, comme elle l'est, dans sa plus petite partie & dans ses effets les plus ordinaires, elle seroit bien-tôt décréditée par cette grossiére attention, que nous laisserions tomber *nonchalemment* sur ses œuvres : enfin, on pousseroit l'excès jusqu'à n'y plus penser du tout, si de temps en temps elle ne venoit nous réveiller par quelque apparition frappante & tumultueuse.

Non contente de nous rappeller par des coups soudains, elle prend soin de nous occuper en faisant éclater sans cesse dans différents climats du monde quelques raïons lumineux, qui nous la découvrent sous l'aspect le plus vaste & le plus magnifique ; ce sont autant d'échantillons perpetuels de sa grandeur & de sa puissance.

De ces Païs, que la Nature semble épouser pour s'y montrer sans voile, on en trouve beaucoup sur la terre; mais peut-être n'en est-il aucun, qui par la variété, par la multitude & par l'importance des phénoménes, puisse l'emporter sur le Roïaume de Naples. Nous ne le dirions pas avec tant de confiance, si ce n'étoit une vérité, dont toutes les personnes qui entendent ces sortes de matiéres, conviennent publiquement.

Mais ce Roïaume lui-même, n'eut & n'aura peut-être jamais de spectacle plus surprenant que son Vésuve, qui s'éleve à l'Orient de la Capitale, dont il n'est éloigné que de quelques milles. Les feux continuels de cette Montagne, ses bruïans Incendies, tant anciens que nouveaux, ont toujours donné aux curieux une ample matiére de penser & d'écrire.

Cependant comme ces mêmes Feux paroissent inéxtinguibles, & que des embrasements nouveaux s'accumulent toujours sur les premiers, le sujet n'en est pas moins une féconde source de méditations & d'ouvrages pour les Philosophes Modernes, quoique d'autres l'ayent déja traité en différents temps.

Persuadés de cette vérité par notre propre expérience, nous entreprenons de donner l'Histoire du dernier & prodigieux Incendie arrivé au mois de May 1737. Nous y joindrons toutes nos observations, toutes nos réfléxions, avec le plus d'éxactitude, & dans la meilleure forme qu'il nous sera possible ; car nous souhaitons qu'on voye que nous n'avons pas oublié notre devoir à l'égard des Sçavans, & que nous leur faisons volontiers part de notre bien, quel qu'il soit, ainsi que nous l'ordonnent les loix d'une société Littéraire, dont en quelque sorte nous nous flattons d'être membres. D'ailleurs, un autre devoir personnel veut que nous transmettions nos connoissances à la postérité. Sans nos Ancêtres nous ne sçaurions rien des événements passés du Vésuve, c'est un bienfait que nous sommes obligés de leur payer en instruisant nos Neveux.

Nous ignorons quel cas le Public fera de notre travail; cependant nous espérons qu'on en jugera sans trop de sévérité, lorsqu'on sçaura que notre but est d'apprêter un recueil d'observations, un simple amas de matériaux, qu'une meilleure main puisse mettre plus proprement en œuvre. Ainsi, nous nous plaçons auprès de certains peuples, qui n'ayant pas le talent de perfectionner les Richesses dont la Nature les comble, ne les employent qu'avec grossiéreté. D'autres Nations plus industrieuses, prennent soin d'y joindre les ornemens de l'Art.

Tout ce que nous venons de dire jusqu'à présent, montre qu'en mettant la main à cet Ouvrage, nous nous sommes proposés de répondre aux devoirs de notre Institut, qui nous consacre à l'illustration de la Physique ; & nous l'avons fait d'autant plus volontiers, que les Sçavans des autres climats sont moins à portée que nous, de donner quelque ébauche sur les Phénoménes du Véſuve ; mais dans cette occaſion, nos cœurs ont été frappés d'un objet encore plus noble & plus puiſſant. De-là il eſt arrivé que ce travail, dont nous nous ferions chargés peut-être uniquement pour conſerver l'honneur de notre Académie, nous l'avons entrepris par un motif plus glorieux & plus ſacré, par la belle ambition de contribuer, malgré la foibleſſe de nos talents, à l'éclat du Régne de Dom Carlos notre Souverain.

Depuis l'heureux jour où ce Prince, l'un des plus Sages & des plus Clémens qui ſoient ſur la terre, fut élevé par l'équité du Ciel au Trône des deux Siciles, nous jouïſſons d'un ſort, qu'avant lui nous n'oſions ni eſpérer, ni même deſirer. Tous les auguſtes ſoins dont ſa grande ame eſt occupée, ne l'empêchent pas de travailler infatigablement à faire fleurir chez ſes Sujets le Commerce, les beaux Arts & les Lettres; il veut qu'autant que notre Païs doit ſe louer des largeſſes de la Nature, autant nous ayons déſormais ſujet de ne point envier dans tout le reſte la fortune & la ſplendeur des autres Nations.

Dans cette ſituation, il nous convenoit de faire voir que les bontés d'un ſi grand Roi ne tombent pas ſur des cœurs capables d'ingratitude; & pour en écarter le ſoupçon, nous avons dû montrer par quelques effets, que ſes entrepriſes heroïques, uniquement dirigées vers notre bien, ne ſont point infructueuſes; nous ſerions criminels, ſi notre oiſiveté lui déroboit la gloire de réuſſir.

Voilà le plus puiſſant des motifs, qui nous ayent animés dans notre deſſein ; nous ſouhaiterions nous en être tirés avec tout le bonheur que mérite la nobleſſe d'un pareil ſentiment ; mais quand le ſuccès trahiroit un deſir ſi juſte, nous ne laiſſerions pas de nous conſoler, en ſongeant que la prudence & l'équité des Connoiſſeurs les empêchent de maltraiter les premiéres tentatives qu'on fait dans toute ſorte de métiers ; ils ſçavent qu'une extrême rigueur abattroit le courage des débutants, & les détourneroit des entrepriſes louables, où les moindres efforts ſont toujours plus honnêtes que la pareſſe, puiſque de ne rien faire il ne provient jamais rien de bon, & qu'au contraire l'on a vû ſouvent les progrès les plus heureux ſuivre des commencements foibles & infortunés.

Maintenant, pour venir à notre sujet, & pour donner un tableau des choses qui peuvent faciliter la pleine intelligence de ce qui est arrivé dans le dernier Incendie de notre Vésuve ; quoique peut-être toutes ces mêmes choses ne soient pas nécessairement liées avec l'éruption, il convient de représenter d'abord aux Lecteurs le naturel & la constitution de notre terrain en général.

On trouve par-tout dans le sein du Territoire de Naples une prodigieuse quantité de minéraux très-vifs, principalement des minéraux les plus propres à s'enflammer, & à conserver l'activité du feu, lorsqu'il s'en est une fois rendu le maître. De-là vient qu'en tout temps nos Provinces ont été si favorables aux *accensions* naturelles.

Cette abondance de Soufre, de Bitume, de Nitre, d'Alun, de Vitriol, & d'autres Sels de toute espéce, aussi-bien que d'autres minéraux plus nobles, nous est démontrée par des preuves très-claires; preuves que nous tirons non-seulement des diverses sources d'eau *Thermales*, qu'on voit jaillir presque à chaque pas; mais encore de ce qu'il y a dans notre Roïaume beaucoup d'endroits, où ces mêmes minéraux sortent à fleur de terre, tantôt de leur propre mouvement, tantôt avec quelque travail de la part du peuple, qui en fait trafic.

Que par un mêlange étroit des uns avec les autres, ou par quelque raison plus cachée, ces minéraux soient de nature à s'échauffer facilement, & même à s'allumer jusqu'au point de jetter des flammes, c'est de quoi l'on ne sçauroit douter, pour peu qu'on soit initié dans les opérations chymiques, & que l'on connoisse leurs étranges effets. C'est encore une vérité démontrée par l'ardeur d'une bonne partie de ces eaux *Thermales*, & par l'éruption des feux, que nous voyons briller de temps en temps auprès de leurs sources : signe certain, que la terre y est plus impregnée de pareils minéraux, qu'en tout autre endroit.

Et si cela est vrai, comme nous avons sujet de l'imaginer, ne pourroit-on pas soutenir, que la Terre du Roïaume de Naples est pleine, sinon d'un feu vif, au moins de *sémences de feu* ? Certainement l'on ne trouveroit qu'avec difficulté des raisons qui prouvassent le contraire, pendant que peut-être mille observations faites sur d'autres choses de semblable nature, confirmeroient la premiere idée ; mais cette discussion nous meneroit trop loin.

Au reste, tant s'en faut que l'opinion préférée doive inquiéter personne, ou décréditer le séjour de notre Païs ; ce feu, ce feu même, ou bien quelqu'autre chose d'équivalent, nous procure l'excessive fertilité des Campagnes, la salubrité de l'air & des Eaux, la force & la variété des Remédes, que la Providence a préparés chez nous dans des Bains naturels pour les besoins des hommes : En un mot, de-là naissent toutes les propriétés merveilleuses, qui suivant le commun sentiment des Sages, donnent au Païs Napolitain la gloire de passer pour le meilleur Climat de l'Univers.

Quoi qu'il en soit, il est aisé d'imaginer

d'imaginer comment les matiéres inflammables, répandues & cachées fous notre Sol, auront pû s'amaffer & s'augmenter par degré dans quelque Canton ; comment enfuite, par le fecours d'une motion intérieure, elles auront pris feu ; enfin, comment ce feu aura fait crever la Terre pour lancer l'Incendie au-dehors, avec tous les ravages, avec tous les phénoménes, qui accompagnent les éruptions des Volcans.

En imitant cette opération de la nature, les Chymiftes ont fabriqué l'or, qu'on appelle *Fulminant* (a). Non-feulement il s'allume au plus léger contact de quelque matiére chaude, mais il éclatte, il tonne, il rompt les vaiffaux où l'on le tient, & pro-

---

(a) Gaffend. *lib.* 2. *de Meteor. cap.* 5. Lémery Cours de Chym. *Part.* 1. *chap.* 1.

duit d'autres violents effets, qui lui ont fait donner un nom si terrible.

Par la même voye, ayant fait une pâte avec deux portions égales de soufre & de limaille de fer détrempée dans un peu d'eau, & l'ayant enfouie sous terre à une juste profondeur, le fameux Lémery montra une image des Volcans (a); car au bout de huit ou neuf heures la terre se gonfla & s'entr'ouvrit dans divers endroits, d'où l'on vit s'élever des vapeurs chaudes & sulfureuses; l'instant d'après amena un tourbillon de flammes. Ces mélanges Chymiques, & plusieurs autres pareils, ne doivent pas nous arrêter plus long-temps, nous en avons assez dit pour développer notre pensée.

(a) Hist. de l'Acad. des Scien. an. 1700.

Sur ce préliminaire on doit juger qu'en tout temps les sources de feu ont été fréquentes dans le Roïaume. Quelques-unes d'entre elles seront tombées dans l'oubli, ou parce qu'elles s'allumerent dans des siécles trop reculés, ou parce qu'elles s'éteignirent bien-tôt, ou bien par quelqu'autre raison qu'on ignore.

Ainsi, comme on voit de nos jours sur les collines qui s'élevent autour de Naples, vers le coucher du Soleil, vers le Septentrion & l'Orient, quantité de pierres brûlées, quantité de cendres & d'autres choses marquées de l'empreinte du feu, divers Auteurs (*a*) pensent qu'anciennement ces mêmes endroits ont souffert *quelque accension*, dont

---

(*a*) Voyez *Thomas Cornelio*, dans son Progymnasme posthume *de Sensibus pag.* 50.

l'injure des temps aura effacé le souvenir (a).

Plusieurs autres Cantons, tels que les environs de Pouzzol & l'Isle d'*Iselna*, lieux très-voisins de Naples, nous offrent encore des vestiges d'embrasements naturels, que nous trouvons attestés par d'anciens Ecrivains ; cependant ni de nos jours, ni du temps de nos peres aucun Incendie ne s'y est montré.

Dans le Canton de Pouzzol, combien de sources d'eau *Thermales* des plus cuisantes ! combien d'étuves d'une efficacité singuliére ! quelle quantité de minéraux propres à la génération du feu ! Mais pour parler

―――――――――

(a) On pourroit penser encore une autre chose, qui est que ces pierres, ces cendres, & toutes ces matiéres brûlées, ont été jettées là par le Vésuve méme, ou par quelqu'un des Volcans, qui brûloient autrefois dans le Territoire de Pouzzol.

d'objets plus frappans, n'y trouve-t-on pas des Montagnes rongées, démantelées, réduites en forme d'Amphithéatre? Dès qu'on les voit, l'on ne peut juger autre chose, si ce n'est que le feu les consuma, & leur donna la figure qu'elles ont aujourd'hui, quoique quelques-unes d'entre elles ne montrent aucun reste de chaleur (a). Tels sont le Mont *Barbaro*, dit anciennement *Gaurus*, les *Champs Léboriens*, nommés par les Grecs *Champs brûlés*, & la *Solfatare*, qu'ils appelloient *le marché de Vulcain*, où le feu brilloit encore du temps de Strabon (b), presque tous ces en-

(a) Voyez *Camille Pellegrin*, dans sa Description de la Campanie, *Disc.* 2. *cap.* 17. 18. & 19.

(b) Strab. *lib.* 5. *pag.* 377. *Forum Vulcani, Campus circumquaque inclusus superciliis ignitis, quæ passim tamquam è Caminis Incendium magno cum fremitu expirant.*

droits n'exhalent maintenant que des vapeurs très-chaudes, avec une épaisse fumée.

Il y a, outre cela, le Mont fameux qui est situé au bord du Lac d'Averne, & que nous appellons *Nouveau*, parce qu'en 1538. après un Incendie aussi soudain que violent, nos Peuples l'ont vû naître tout d'un coup; la Terre se souleva, les Rochers & les Cendres lancées par l'impétuosité du feu s'accumulérent en retombant, & la Plaine demeura chargée d'une Montagne (*a*).

L'Isle d'*Enarie*, à présent nommée *Ischia*, nous offre les mêmes spectacles : quantité de Fontaines chaudes & d'étuves, beaucoup de Minéraux de toute espéce, beaucoup de Cantons,

─────────

(*a*) Voyez le Saint-Felix, *de origine & situ Campaniæ.* pag. 11.

qu'on appelle *Terres brûlées* (a), pour éternifer la mémoire de quelque grand embrafement. Strabon, en parlant de cette Ifle (b), rapporte que les *Eretriefiens*, fes premiers Habitans, furent obligés de l'abandonner, parce que les foudaines éruptions de feu & d'eaux *Thermales*, jointes avec d'autres accidents pareils, leur en rendoient le féjour trop incommode.

Timée cité par le même Strabon, témoigne qu'un peu avant le temps où il vivoit, un Monticule, qu'on nommoit *Epopée* (c), & qui s'élevoit au milieu de l'Ifle, jetta du feu & des flam-

(a) Vulgairement dans le Païs on appelle ces Cantons, *le Cremate*. Voyez le Jafolin dans fon Traité *des remedes d'Ifchia. lib.* 1.
(b) *Lib.* 5. *Geograph. pag.* 379.
(c) C'eft ainfi que Cafaubon corrige le mot *Epomée*, qu'on trouve dans le Texte de Strabon, *lib.* 5. *pag.* 380.

mes après un grand tremblement de Terre. On voit encore dans les Oeuvres de Jean Villani (a), qu'en 1302. cette Isle fut ravagée par une formidable *accension*, qui fit périr quantité de monde & de bestiaux, & qui gâta d'une maniére prodigieuse la face du Païs. Ajoutons que dans plusieurs endroits, selon l'observation du *Macrino* (b), l'on y trouve des restes de ces Torrents, que nous appellons vulgairement des *Lavanges*, Torrents de pierres liquefiées par l'ardeur du feu, & consolidées ensuite par le froid de l'air, telles qu'on les rencontre aux pieds du Vésuve & de l'Ethna.

La situation de l'Isle de *Procida* nous fourniroit encore des preuves frappantes du feu qui a

---

(a) *Dans les Hist. Florent. lib. 8. cap. 53.*
(b) *De Vésuv. cap. 5. pag. 41. & 42.*

déployé

déployé ses fureurs sur la côte Occidentale de Naples, s'il étoit vrai que nos premiers Peres lui eussent donné ce nom d'origine Grecque, parce qu'à force de secousses & d'embrasements, elle fut jadis arrachée du continent d'*Ischia*, dont auparavant elle faisoit une portion (*a*), ou plûtôt parce que s'élevant du fond de la Mer, elle vint naître auprès de cette même Isle d'*Ischia*, comme on voit souvent un foible rejetton naître au pied d'un grand arbre. La valeur du nom s'accommoderoit peut-être mieux avec le dernier événement (*b*).

Ces apparitions d'Isles nouvelles ne doivent point passer

(*a*) Strab. Loc. cit. *Prochyta pars à Pithesusis avulsa.*

(*b*) Plin. lib. 3. cap. 62. *Prochyta non ab Æneæ nutrice, sed quia profusa ab Ænariâ erat.* ἀπὸ τῦ προχύειν *profundere.*

pour des fables, puisqu'outre ce qui a été dit & cru de plusieurs autres endroits (*a*), la fameuse Isle de *Santerini*, dans l'Archipel, s'éleva tout d'un coup du fond des Ondes, suivant l'aveu commun des Géographes & des Historiens anciens (*b*). Depuis son émersion, quelques *Islots* ou *Ecueils*, sont venus de temps en temps se placer auprès d'elle, même de nos jours (*c*). C'est assurément l'effet des Incendies souterrains, qui se sont manifestés en pareilles conjonctures, tant par les flammes qu'on voyoit sortir à fleur d'eau, que par les Cendres, les Pierres-ponces, & les Pierres brûlées, dont la Mer

―――――――――

(*a*) Strab. *lib. 6. pag.* 396. Plin. *lib. 2. cap.* 89.

(*b*) Voyez Tournefort, *Voyage du Levant*, Ep. 6.

(*c*) C'est-à-dire, en 1707. suivant le témoignage du même Tournefort, *loc. cit.*

couvroit presque toutes les Côtes voisines.

Or, si c'en est assez pour nous convaincre, que le feu peut déraciner du fond de la Mer une grande quantité de Rochers, les soulever, les amonceler l'un sur l'autre, jusqu'au point de former une Isle, dont l'étenduë ne soit pas méprisable; nous aurons d'autant plus sujet de croire que la même force peut couper quelquefois un espace de Terrain, & faire d'un seul corps de Païs deux Païs séparés. De-là on pourroit prendre occasion d'imaginer, comme plusieurs l'imaginent en effet, qu'*Ischia* & *Procida* n'ont été qu'une Isle seule; & qu'encore avant que d'être Isle, elles furent attachées au continent voisin dans l'endroit appellé *le Cap de Misene* (a).

(a) Strab. loc. cit.

Rien n'empêche d'en penser autant de l'Isle de *Caprée* (a). Aussi prétend-on qu'elle fut liée avec cette portion de Terrain, qui fait présentement *le Cap de Massa*, nommé autrefois *le Promontoire de Minerve*. Toute grande qu'est la Sicile, on s'en est figuré la même chose (b); on dit qu'elle tenoit aux bords de la Calabre ultérieure, lorsqu'elle en fut violemment arrachée, & jettée dans l'endroit où nous la voyons aujourd'hui; enfin, l'on croit que le nom de notre Ville de *Rhégio* doit sa naissance à cette fameu-

---

(a) Strab. *ibid.*
(b) Claudian.

Trinacria quondam
Italiæ pars una fuit ; sed Pontus & Æstus
Mutavere situm.

Plin. *lib.* 2. *cap.* 9. Strab. *lib.* 6. *pag.* 396.

le *diffraction*, dont il perpetue la mémoire (*a*).

Et parce que les choses arrivées dans quelques Climats aux yeux de plusieurs témoins, font juger des événements qui ont pû arriver ailleurs dans des temps plus reculés, nos Anciens n'ont pas craint d'étendre cette violente séparation d'une Terre d'avec l'autre, jusqu'aux deux grands continents d'Europe & d'Afrique. Ils ont présumé, que ces vastes portions du monde furent unies dans l'endroit où nous voyons maintenant le détroit de Gibraltar (*b*).

Rapprochons-nous du Vésuve, tournons désormais nos re-

___

(*a*) Strab. *loc. cit. Nomen à verbo* ῥήγνυσθαι, *quod est rumpi, deductum videtur.*

(*b*) Plin. *lib.* 3. *cap.* 1. Mela *de sit. orb. lib.* 1. *cap.* 5. Seneca *Natural. quæst. lib.* 6. *cap.* 29. *Sic & Hispanias à contextu Africæ mare eripuit.*

gards vers lui feul, les chofes dont nous venons de parler, montrent affez plaufiblement que le Territoire de Pouzzol & d'*Ifchia*, & peut-être beaucoup d'autres Païs furent la proye des flammes dans les premiers Siécles du monde; mais tout cela fait des preuves que le lointain extenue. Il n'en eft pas de même à l'égard de notre Montagne, fon feu depuis un temps immémorial s'eft confervé toujours ardent.

Ifolé, féparé de la chaîne du Mont Apennin, le Véfuve s'éleve fur le bord du baffin de Naples vers l'Orient de la Ville, comme nous l'avons déja marqué. Les Plaines d'alentour forment un charmant Païfage, où l'air eft fi bon, qu'on ne fçauroit en trouver de meilleur. Par tout des Arbres fruitiers de différente eſpéce, par tout des vignobles, dont on recueille d'excellents vins. Le pied de la Montagne n'eſt pas moins fertile : on célébroit autrefois, & l'on célébre encore la fécondité de ſes Côteaux.

Lorſqu'on monte plus haut du côté qui regarde le Midy & le Couchant, les choſes changent de face; on trouve un Terrain qui ſemble fait exprès pour inſpirer de l'horreur. Ce ne ſont que cendres, que pierres-ponces & pierres brûlées ; la moindre verdure n'oſeroit y croître, tant s'en faut qu'on y voye des Arbres fruitiers ou des vignobles.

Dans l'endroit où le Terrain prend cet aſpect terrible, une portion de la Montagne ſe détache d'avec l'autre ; il reſte ſur les devants une chaîne de Côteaux, qui s'étendent vers l'Orient & vers le Nord ; la face qu'ils montrent aux Champs voisins est toute parée de verdure, l'autre n'offre que des Roches desséchées par le feu, & coupées en précipice.

Au Midy, derriere cette file de Côteaux, s'éleve un sommet isolé, terminé par lui-même, & fait en forme de Cône ; il n'est composé que d'un amas de Pierres, de Cendres & de Sable stérile. C'est-là ce que nous appellons proprement *le Vésuve* ; l'extrémité de sa pointe vomit de temps en temps du feu, & presque toujours de la fumée.

Vers le Septentrion s'éleve une autre pointe, qui dispute de hauteur avec la premiere, dont nous venons de tracer le plan. Cette pointe Septentrionale s'appelle précisément *le Mont de Som ma*, soit qu'elle prenne son nom d'une Ville située au bas de la Montagne, entre l'Orient & le Nord ; soit qu'elle le donne à cette même Ville, dont la bonté de l'air & l'excellence des fruits font un séjour délicieux.

Il est pourtant vrai que dans notre langage vulgaire on confond souvent les deux noms ; ainsi sous le nom *de Somma* nous comprenons quelquefois l'autre pointe qui jette du feu, tout de même que les Anciens comprenoient la Montagne entière sous le titre de *Vésuve* (a).

(a) Qui sçait même si par un échange assez ordinaire dans les choses & dans les noms, les Anciens n'ont point donné le titre de *Vésuve* à quelqu'un des Volcans du Territoire de Pouzzol ? En faisant cette supposition les Interprêtes de Lucrece éviteroient un grand embarras, & jetteroient beaucoup de lumière sur les deux fameux Vers suivans, *lib*, 6.

Par cette courte description, l'on doit entendre que la masse inférieure du Vésuve forme, pour ainsi dire, *un pied d'estal* com-

Qualis apud Cumas locus est, montemque Vesevum,
Oppleti calidis ubi fumant Fontibus auctus.

Pour appuyer notre conjecture nous pourrions citer un passage de Diodore de Sicile. lib. 4. Cet Auteur y donne au district de Cume la dénomination de *Champ Phlegréen*, & il fonde son expression sur ce que le Vésuve, Montagne qui jette du feu, est situé dans le même district. Nous avouons pourtant que Camille Pellegrin fait tomber toute l'équivoque sur le mot *Phlegréen*, dont il prétend que Diodore s'est servi pour désigner différents Cantons, qui paroissent également brûlés. Mais quoi qu'il en soit, quand tout autre argument seroit foible, il suffiroit de se rappeller l'endroit, où Plutarque parle *du silence des Oracles*. Car en y faisant mention des calamités causées un peu avant sa naissance par les fureurs du Vésuve, il met Cume & Pouzzol sur les rangs, comme si le Volcan, qui avoit ravagé le Païs d'alentour, étoit auprès de ces Villes-là, & non pas auprès *d'Herculanium & de Pompeï.*

mun entre les deux Sommets. De-là naît leur séparation mutuelle. L'union de leur base, & la division de leurs pointes les font prendre de loin, non pour une Montagne seule, mais pour deux Montagnes liées jusqu'à certain degré de hauteur, & détachées ensuite l'une d'avec l'autre.

Telle est de nos jours la construction du Vésuve ; mais il n'est pas vraisemblable qu'il ait eu le même aspect dans les temps les plus reculés. Pour s'en convaincre, il suffiroit de se rappeller les transfigurations sensibles qu'on lui a vû essuyer depuis l'âge de nos peres jusqu'au nôtre.

Au surplus, si nous nous contentions de dire, que notre Montagne a changé d'aspect par laps de temps, ce ne seroit pas grand chose. Il faut entrer dans un examen plus recherché, pour déterminer autant que nous le pourrons quelle étoit son ancienne figure.

Premiérement, il paroît que cette disjonction, qu'on voit entre les deux sommets de la Montagne, doit passer pour un accident nouveau, & que du pied jusqu'à la cime, le Vésuve ne faisoit autrefois qu'un seul corps pyramidal ; on peut l'inférer du témoignage des anciens Auteurs, qui nous le peignent dans cet état d'unité. Strabon dit : *Le Mont Vésuve est de toutes parts environné de Campagnes très-fertiles, si l'on en excepte le Sommet* &c. (a). Dion s'exprime encore d'une façon plus claire (b). *Au commencement le Vésuve avoit de tous cotés une hauteur égale : alors il ne*

(a) Lib. 5. pag. 378.
(b) In Tito.

vomiſſoit des flammes que du milieu de ſa pointe ; auſſi n'eſt-ce que dans cette portion de ſa ſurface qu'il a éprouvé l'activité du feu, car le reſte de ſon contour s'eſt maintenu ſain & ſauf juſqu'à préſent. De-là vient que n'ayant ſouffert aucun dommage, les bords du circuit le plus élevé conſervent leur premiére hauteur, pendant que le centre du même circuit s'eſt abaiſſé au gré des éruptions qui le rongeoient. Son abaiſſement forme un gouffre, une cavité diſpoſée de maniére que toute la Montagne, s'il eſt permis de comparer les petites choſes avec les grandes, ne rend pas mal la figure d'un Amphithéatre.

Les torrents de pierres liquéfiées, que la Montagne vomit, lorſqu'elle déploye ſa fureur, nous fourniſſent un argument très-fort, pour conſtater notre opinion ; car on trouve quelques-uns de ces torrents dans des endroits, où jamais ils n'auroient pû parvenir, si autrefois le Vésuve n'avoit pas été borné à une seule pointe.

C'est de quoi nous avons un exemple récent. Les Peres Dominicains faisoient faire il y a quelques années un puits dans leur Couvent *de Notre-Dame de l'Arc*; on découvrit à la profondeur de plus de cent palmes un torrent de l'espéce en question; l'ayant rompu, l'on continua de creuser la Terre; un autre torrent pareil arrêta bien-tôt les Ouvriers, ensuite un troisiéme; enfin, dans moins de trois cents palmes, l'on en trouva quatre couches, qui ressembloient parfaitement aux *Lavanges* endurcies, que nous voyons tous les jours sur les racines Méridionales du Vésuve.

DU MONT VÉSUVE. 39

Pour peu qu'on soit en état de réfléchir sur la situation du Couvent, on jugera qu'il n'est nullement possible d'imaginer le cours des *Lavanges* vers cet endroit, sans supposer qu'autrefois le Vésuve n'avoit qu'une seule pointe; car à se le figurer tel qu'on le voit aujourd'hui, les matiéres qu'il vomissoit pour lors, auroient dû, en roulant sur sa croupe, s'aller jetter dans le Vallon, dont la Montagne de feu est bordée, tant au Septentrion qu'à l'Orient; ensuite il auroit fallu que de-là les mêmes matiéres se relevassent pour surmonter une hauteur de plusieurs centaines de pas qui leur fermoit l'accès du quartier où le Couvent a été bâti.

Remarquons outre cela que Dion nous favorise, en comparant le Vésuve à une espéce d'Amphithéatre (a). Idée qui ne s'accorde pas moins avec notre sentiment, qu'avec le Tableau détaillé, que le même Auteur fait de la Montagne entiére. Selon lui le feu n'en avoit point offensé les contours, il n'y avoit que *le Centre du plus haut circuit*, qui eût été ruiné par les éruptions des flammes.

De-là il suit qu'aux yeux de Dion le milieu creusé représentoit l'arene de l'Amphithéatre, & que les Flancs en représentoient l'enceinte. Trouvera-t-on quelqu'un qui croye voir dans la forme présente du Vésuve l'image que cet Historien nous en a laissée ?

Néanmoins, en profitant des lumiéres que Dion nous offre, chacun peut voir qu'une portion de l'enceinte du même Amphi-

(a) Loc. cit.

théatre

théatre s'est conservée jusqu'à nos jours. On la reconnoît cette portion dans les Côtes Septentrionales, qui forment présentement *le Mont de Somma*, & qui embrassent une bonne partie du Volcan.

L'observation paroît d'autant plus vraie, que ces mêmes Côtes nous montrent des vestiges très-évidents du feu qui séjourna dans la concavité de leur demi cercle ; car on n'y voit que Pierres & Roches toutes marquées au coin de l'embrasement, toutes couleur de fer brûlé, comme le font d'autres endroits, où nous sçavons que de notre mémoire les flammes du Vésuve ont exercé leur force. Voilà des raisons assez plausibles, qui nous font juger que nos conjectures s'accordent avec l'ancien état de la Montagne.

Pour lors, de même qu'à présent, le Véſuve commandoit une Plaine entiérement découverte, nulle autre Montagne ne lui étoit attachée ; c'eſt pour cela que quelques Auteurs (a) ont ſoupçonné qu'il ne dut ſa premiére apparition qu'à la force des feux ſouterrains ; & *qu'enfanté* ſubitement aux yeux d'un Païs qui ne l'attendoit pas, il n'exiſtoit point dès la naiſſance du monde.

Sans pouſſer nos recherches ſi loin, nous pouvons juger qu'autrefois les racines du Véſuve occupoient moins d'eſpace qu'à préſent ; il faut bien qu'elles ſe ſoient amplifiées par l'éruption continuelle des Cendres & des Pierres, & ſurtout par l'affluence des matiéres fondues ;

(a) Camil. Pelleg. *ſur la Campan. diſc.* 2. *pag.* 314. Scotti, *Itinerar. Italic. part.* 3.

qui dans leur congélation prennent la dureté du Rocher.

Avec le temps toutes ces choses ont dû gonfler & dilater le pied de la Montagne. Pour preuve de cette vérité, il suffit de creuser aux environs, particuliérement vers le Midy; car l'on y rencontre trois & quatre épaisses couches de torrents pétrifiés, & de la Terre, & d'autres matiéres qui s'y sont entremêlées souvent jusqu'à la hauteur de plusieurs dixaines de palmes.

En suivant cette idée, nous concevrons que les flancs du Vésuve sont maintenant moins rapides qu'ils ne l'étoient autrefois; on peut en juger par l'inspection du Talus Septentrional, sa pente est la plus escarpée, parce qu'elle n'a dû essuyer qu'un changement très-médiocre, au moins depuis mille ans & plus

D ij

jufqu'à nos jours ; c'eſt-à-dire, depuis que la Montagne s'eſt partagée en deux Sommets, qui font la fourche.

Ainfi l'ancienne hauteur du Véfuve nous reſte marquée par la pointe des Côtes Septentrionales, qui forment préciſément *le Mont de Somma* ; cette hauteur une fois ſtatuée, met hors d'atteinte ce que nous diſions tantôt : ſçavoir, que ces mêmes Côtes Septentrionales, dont on voit la face intérieure, ou la concavité toute brûlée, toute pendante en précipice, faiſoient portion du cercle, qui frappoit les yeux de Dion, lorſqu'il comparoit notre Montagne avec un Amphithéatre.

Ayant ainſi conçû en gros la baſe & la hauteur du Véſuve, on concevra non-ſeulement la grandeur de ſa maſſe entiére, mais encore l'étendue de son Sommet.

Du temps de Strabon le Sommet paroissoit déja esplanadé, quelqu'ancien Incendie en avoit sans doute coupé la pointe ; mais au temps de Dion, suivant son propre témoignage, le milieu s'étoit abaissé par la force des éruptions continuelles, pendant que les flancs demeuroient *sains & saufs* ; c'est par ce moyen, & pour lors que le Vésuve prit la ressemblance d'un Amphithéatre, telle que nous la voyons dans *la Solfatare* de Pouzzol, & dans d'autres Montagnes voisines, qui pourroient justement supporter la même comparaison (a).

Depuis cette époque, où nous venons de marquer l'état

(a) Voyez le Pellegrin. *loc. cit. cap.* 17. 18. & 19. & consultez sa Carte de la Campanie.

des choses, l'aspect de notre Montagne dut commencer à changer d'une façon prodigieuse ; les embrasements, les tremblements de Terre, les gouffres qui naissoient dans son sein, tous accidents inséparables des violentes éruptions, détruisoient, ruinoient la partie située entre le Midy & le Couchant ; leur fureur n'épargnoit que l'extrémité des Côtes qui regardent l'Orient & le Nord.

Cette ruine, cet abaissement put fort bien gagner jusqu'aux bords de l'endroit où nous voyons notre Volcan séparé d'avec les Côteaux qui l'entourent ; & voilà un nouvel aspect du Vésuve, dont nous ne sçaurions apporter d'autres preuves qu'une conjecture plausible, parce que les Auteurs contemporains n'en ont peut-être point fait mention, peut-être aussi parce que leurs Ouvrages sont perdus.

Enfin, tout de même que les Fleuves, lorsqu'ils sont gonflés & rapides, dérobent de la Terre à quelques-uns de leurs Rivages, & l'ajoutent à d'autres; de même les embrasemens, qui avoient ruiné une si grande portion de la Montagne, purent du fond de ses entrailles élever d'autres matiéres, les entasser, les accumuler, jusqu'au point de former un nouveau monticule sur ce plan, que nous avons nommé le *pied d'estal* des deux Sommets.

Par ce Monticule nous n'entendons rien autre chose que notre pointe Méridionale, autrement appellée le Volcan, ou *le Mont de feu* : pointe, qui dans la suite a égalé la hauteur de *sa sœur aînée*, qu'on voit s'élever au

Nord, & qu'on nomme préfentement *le Mont de Somma*, ainfi que nous l'avons déja marqué plufieurs fois.

Que notre *Mont de feu* foit l'ouvrage des violentes *accenfions*, qu'il ait été formé de l'amas des Rochers, des Cendres, & d'autres Matériaux jettés au-dehors; l'on peut le juger par cela feul, qu'on voit qu'il garde exactement la figure conique : telle que la retient le monceau de terre foulevée par une Taupe ; telle encore que la conferveroit un petit tas de fable, ou de bled, ou d'autres chofes menues & féches , qu'on laifferoit tomber conftamment à plomb fuivant la même ligne.

Seroit-il hors de vraifemblance, que par les deux voyes marquées dans cette comparaifon, notre Volcan ait pû acquérir la figure

figure qu'on lui voit de nos jours ? Le bouillonnement intérieur gonfla d'abord le Terrain ; enfuite les Cendres, les Roches, les autres Matériaux lancés en l'air vinrent prefque à plomb retomber fur le goufre qui les avoit vomis, & la Pyramide s'éleva.

En cela *le Pellegrin* (a) penfe autrement que nous. Il croit que la portion cendreufe & brûlée, qui fait le Volcan, n'eft en tout ou en partie qu'un refte de l'ancienne maffe ; il prétend que la Terre, qui groffiffoit les flancs de cette maffe primitive, s'en détacha par l'impreffion du feu ; & de-là il conclut que le Sommet, d'où nous voyons fortir les flammes, demeura feul au milieu d'une efpéce de Plaine.

Son idée peut bien être vraie ; la nôtre peut l'être auffi. Nous

(a) *Loc. cit.*

ne diſſimulerons pas que dans des Phénoménes, où la nature pour ſignaler ſa force prend les voies les plus frappantes, telles qu'eſt la voie du feu, l'on ne ſçauroit rien imaginer, ni rien propoſer ſans craindre l'illuſion, ſurtout lorſqu'on n'eſt point éclairé par le flambeau de l'Hiſtoire.

Contentons-nous d'avoir démontré que l'ancienne face du Véſuve différoit beaucoup de celle qu'on lui voit préſentement, & qu'il ne faiſoit autrefois qu'une ſeule Montagne, depuis le pied juſqu'au Sommet. Nous pouvons en toute ſûreté conclure de-là, que ſa fourche, maintenant ſi ſenſible, doit paſſer pour un nouvel effet des fréquentes & formidables *accenſions* dont nous allons parler.

Déja nous avons dit quelque

chose sur la maniére dont ce feu s'allume. Pour peu qu'on la conçoive, on concevra pareillement qu'on ne sçauroit marcher qu'à la lueur des conjectures, lorsqu'on voudra fixer l'époque de nos premiéres éruptions.

Si la matiére qui doit brûler s'engendre ou s'accumule par des mutations intérieures au fond des Cavaux souterrains, un Volcan peut éclore dans tel endroit, dont l'aspect n'en aura jamais donné le moindre soupçon. Suivant la même régle, un ancien Volcan pourra s'éteindre lorsqu'on y pensera le moins; on trouve des exemples de l'un & de l'autre cas dans l'Histoire naturelle.

C'est donc une vanité de vouloir approfondir si notre Vésuve jetta du feu dès la naissance du monde ; ou bien, supposé que cela ne soit pas, comme il paroît véritablement que cela ne doit point être, en quel temps le feu qu'on y voit régner brilla pour la premiére fois.

Une chose, dont on ne doit point douter, c'est que longtemps avant Strabon, qui florissoit entre l'âge d'Auguste & de Tibere, notre Volcan s'alluma ; ainsi le déclare Strabon lui-même (a) ; ainsi le témoigne Vitruve (b) ; Tacite semble encore montrer quelque égard pour une vieille Tradition au sujet des embrasements de cette Monta-

---

(a) Lib. 5. pag. 379. *Ut conjecturam facere possis ista loca quondam arsisse, & crateras ignis habuisse.*

(b) Lib. 2. cap. 6. *Non minus etiam memoratur antiquitus crevisse ardores, & abundavisse sub Vesuvio Monte, & inde evomuisse circa agros flammam.*

gne dans les Siécles les plus reculés (a).

Nous devons croire que les anciens Incendies ont précédé de beaucoup l'âge où Strabon écrivoit; car il n'eſt guéres vraiſemblable que le ſouvenir s'en fût entiérement effacé pour nous, s'ils avoient été plus voiſins du temps de cet Auteur. Lui qui nous dépeint avec une ſi grande exactitude tant d'autres Climats, qu'il étoit moins à portée de connoître, auroit-il négligé de nous laiſſer quelque détail ſur les prodigieux Phénoménes de notre Montagne?

Sur cette diſette de détail dans Strabon, & plus encore ſur le ſilence de Pline l'Hiſtorien, qui

(a) Lib. 1. Hiſtoriar. *Jam verò Italia novis cladibus, vel poſt longam ſeculorum ſeriem repetitis, afflicta. Hauſtæ aut obrutæ Urbes, fœcundiſſima Campaniæ ora, & Urbs Incendiis vaſtata.*

E iij

en faisant mention du Vésuve, n'a pas dit un seul mot capable de l'annoncer pour Volcan (a), quelques-uns croyent pouvoir au moins inférer que les premiéres *accensions* ont été foibles, puisqu'autrement il paroît que la mémoire devoit s'en perpetuer chez les Peuples d'alentour.

Notre sujet ne demande pas que nous prenions la peine de confirmer ou de réfuter cette opinion ; il est très-possible que la petitesse du feu n'ait laissé aucun souvenir dans l'esprit des Peuples ; d'un autre côté il se peut encore que par une longue cessation les premiers embrasements du Vésuve, quand même ils auroient été des plus formi-

(a) *Lib.* 3. *cap.* 9. & *lib.* 14. *cap.* 4. Joignons à cela pour plus grande autorité, que dans l'endroit où le même Pline parle des Volcans, *lib.* 2. *cap.* 109, il ne dit rien du Vésuve.

dables, soient tombés dans l'oubli. Ainsi s'étoit perdue la mémoire des flammes de l'Etna vers le seiziéme Siécle, au point que plusieurs Habitants de Catane s'en mocquoient, & tenoient pour fabuleux, comme Carrera (a) le témoigne, tout ce qu'en avoient rapporté tant d'Auteurs Grecs & Latins. Beaucoup d'autres (b) imitoient l'incrédulité des Catanois avant l'éruption de 1536. & cela parce qu'il s'étoit passé une longue suite d'années, sans que la Montagne eût donné aucun signal des Incendies qu'elle couvoit dans son sein.

Sans nous embarrasser de toutes ces discussions, dont nous laissons le libre jugement aux Lecteurs, nous répétons qu'il est

(a) *Descript. Mont. Ætn.* lib. 3. cap. 7.
(b) Voyez Antoine Philothée, *Topograph. Mont. Ætn.*

certain qu'avant l'âge d'Auguste notre Volcan jetta des flammes; les Ecrivains que nous avons cités en font la preuve. Mais il ne faut pas s'en fier au témoignage de Morery (a), qui prétend que cette Montagne avoit déja signalé sa fureur par cinq éruptions, lorsque le même Auguste s'empara des Rhênes de l'Empire. Supprimez la fable d'une éruption très-ancienne rapportée dans le faux Bérose d'Anne de Viterbe, Morery ne trouvera jamais dans les Historiens de l'Antiquité le moindre détail qui puisse autoriser son sentiment.

Tenons nous-en à la vérité connue. Le premier des embrasemens mémorables, dont nous ayons une description fidéle, ar-

(a) Dans son Dictionaire au mot *Vésuve*.

riva fous le Régne de Titus, l'an 79. de Jefus-Chrift (*a*). On peut voir ce qu'en ont écrit Pline le Jeune dans deux Lettres (*b*), Dion dans la vie de l'Empereur qu'on vient de nommer, & d'autres Hiftoriens du même temps; les Poëtes en parlent auffi d'une façon très-énergique (*c*). Il y a lieu de juger que la forme du Véfuve effuya pour lors quelque changement affez confidérable.

Depuis cet embrafement jufqu'à nos jours, il en eft venu plufieurs, dont quelques Ecrivains modernes nous ont laiffé des mémoires (*d*). Si l'on trouve des variations dans leurs rapports, c'eft fans doute parce que

(*a*) Suivant le Calcul de Tillemont. Voyez fa quatriéme note fur la vie de Titus.
(*b*) Ep. 6. & 20. lib. 6.
(*c*) Stace, Martial & d'autres.
(*d*) Entr'autres le P. Jules-Céfar Recupito,

les uns auront mis en ligne de compte certains Incendies de peu d'importance, pendant que d'autres auront négligé d'en parler.

Point de correspondance entre ces éruptions diverses, leurs saisons, leurs intervalles, leur force & leur durée n'ont pour toute régle que le caprice de la Nature. Nous observerons seulement que l'Incendie de 1631. fut des plus épouvantables ; il nous en est resté des monuments si funestes, que nos Peuples en gémissent encore. Les Pierres que le Volcan lançoit rouges de feu, le mirent aux Arbres, aux Maisons des Paysans, & à d'autres Edifices voisins. Sept Villages furent presque entiérement détruits par le torrent des matiéres liquefiées, & près de dix mille hommes trouverent la mort dans les ruines ou dans les flammes (a). En partant de-là, nous trouvons que les *accenſions* ſont devenues très-fréquentes, mais qu'en récompenſe elles ſont moins terribles.

L'Incendie arrivé vers la fin de Mars en 1730. mérite cependant d'être rapporté parmi les autres, non qu'il ait été des plus cruels, mais parce qu'il changea ſenſiblement le Sommet de la Montagne ; car une grande quantité de matiéres vitrifiées & de pierres s'entaſſa ſur la pointe, & la rendit beaucoup plus aiguë & plus haute qu'elle ne l'étoit auparavant.

Une autre particularité qu'on remarqua dans cette éruption,

(a) Selon le rapport du Carafa, *de Conflagrat. Veſuvian.* Mais le P. Recupito prétend que cette perte n'alla qu'environ à 5000 hommes.

c'est que les flammes en étoient plus vives, plus lumineuses qu'à l'ordinaire, & qu'elles s'élevoient jusqu'à une hauteur démesurée; le torrent, au moins celui qu'on voyoit couler sur les flancs apparents de la Montagne, ne s'éloigna guéres de la bouche supérieure; mais de l'autre côté où les flancs méridionaux du Volcan sont embrasés & couverts par les Roches Septentrionales *du Mont de Somma*, une horrible profusion de *Lavanges* inonda le fond de cette Vallée, que nous appellons vulgairement *le Val d'Atrio*.

Le dommage qu'essuyerent les Champs d'alentour, provint principalement des Cendres & des Roches, qui mirent le feu à un Bois considérable dans le Territoire *d'Ottajano*; tout ce Bois auroit été consumé, si l'on n'avoit pas eu l'attention d'arrêter le progrès des flammes en abattant au milieu du chemin les Arbres qu'elles étoient sur le point d'envahir.

CHAPITRE I.

Journal de l'Incendie.

Depuis l'Incendie de 1730. jusqu'en 1737. l'ancien Bassin du Vésuve avoit continuellement jetté de la fumée, & quelquefois du feu ; chaque instant nous donnoit des marques d'*accension* intérieure, ou du moins n'avons-nous compté que peu de jours de tréve dans un si long espace de temps.

Mais surtout pendant les trois ou quatre mois qui ont précédé cette derniere éruption, nous avons vû sortir la fumée sans aucun relâche, tantôt plus, tantôt moins épaisse, quelquefois mêlée de flammes. C'est un spectacle assez familier pour nos

Peuples, ils n'en conçoivent ni frayeur ni étonnement; leurs yeux ne s'y font que trop accoutumés par l'expérience d'une centaine d'années.

Au contraire le gros de la Nation tire un augure favorable de cette fumée perpétuelle: on croit qu'elle annonce que les feux intérieurs confument la matiére des embrafements, & par conféquent on fe flatte que le Pays n'eft menacé ni d'*accenfions* funeftes, ni de tremblements de terre; car beaucoup de gens s'imaginent que les tremblements de terre & les flammes des Volcans peuvent procéder d'une même caufe.

Quel que foit l'ancien fondement de cette opinion populaire touchant la Paix que nous promet le Volcan, notre dernier Incendie montre qu'elle n'eft pas sûre ; car vers la fin d'Avril, & dans les premiers jours de May, lors même que la Montagne vomissoit des nuages de fumée, l'éruption du feu commença.

Le 14. & le 15. de May les flammes & la fumée s'accrurent jusqu'au point que la nuit du 15. au 16. le Volcan jetta des pierres toutes rouges de feu ; en même-temps quelques matiéres liquefiées, qui descendoient du Sommet, sembloient menacer d'aller fondre sur *Bosco*, lieu situé à l'Orient au pied de la Montagne.

Le 17. & le 18. les flammes s'entretinrent avec un nouvel éclat ; la fumée grossissoit à proportion de l'embrasement, & l'embrasement devenoit d'autant plus fort, que le Sommet se trouvoit tout couvert de soufre, qui s'y étoit amassé de longue main.

Le 19. qui étoit un Dimanche, l'Incendie augmenta considérablement : la fumée formoit de vastes tourbillons, qui s'élevoient de plus en plus : la Montagne frémissoit, son frémissement faisoit retentir les lieux circonvoisins. Pour lors l'épouvante se jetta dans le cœur du Peuple, elle s'accrut jusqu'au soir par degrés ; c'étoit effectivement un spectacle terrible, que de voir entre cette fumée si épaisse une quantité *plus que médiocre* de pierres, qui lancées en l'air toutes rouges de feu retomboient d'assez haut, & rouloient quelque temps avec fracas le long des flancs du Sommet. Cet appareil funeste persévera jusqu'au lendemain, l'*accension* prenoit d'heure en heure une plus grande force.

Le Lundy 20. du mois vers

les huit heures du matin, la grêle des pierres fut encore plus vive, & l'accenſion devint ſi furieuſe, que malgré l'éclat du grand jour, on voyoit briller les flammes dans le ſein même des tourbillons d'une fumée très-noire, dont le feu étoit preſque entiérement enveloppé.

Sur le ſoir la *Tempête* redoubla; c'étoit un déluge de pierres brûlées, de pierres ponces & de cendres. La fumée changea ſon extrême noirceur en *clair brun*, mais les *tournoyements* qu'elle faiſoit dans l'air, paroiſſoient plus amples qu'ils ne l'avoient été d'abord. En même-temps le feu de la cime s'élargiſſoit, chaque inſtant lui livroit quelque nouvelle portion d'eſpace. Pénétrés d'horreur, & craignant le ſort le plus terrible, les Peuples d'alentour commencerent pour lors à ſe ſauver.

Vers les deux heures après midi de ce même jour, on entendit une détonation épouvantable, quelques-uns penférent qu'une nouvelle crevaffe de la Montagne en étoit la caufe. Néanmoins nous n'apperçûmes d'autres effets de cette crevaffe qu'à fix heures & demie du foir ou un peu plus tard.

Elle s'étoit faite cette crevaffe au flanc du Véfuve, entre le Midi & le Couchant; fa premiére expédition fut de jetter des flammes, lors même que le feu de la bouche fupérieure paroiffoit le plus animé. La fumée qui croiffoit à proportion, auroit infailliblement offufqué toutes les Contrées Maritimes du voifinage, fi les Vents Méridionaux n'avoient pas été affez forts pour lui faire rebrouffer chemin, & pour l'éparpiller dans le vague des airs.

F ij

Alors le frémissement du Volcan n'étoit pas moins horrible que continuel. Vers les huit heures 22. minutes du soir, il s'éleva sur toute la Montagne un brouillard très-sombre, mais éclairé de temps en temps par des foudres, qui traçoient des sillons de flamme au milieu de la cendre & de la fumée; nous disons des foudres, c'en est une espéce que le Véfuve enfante ordinairement dans ses grandes éruptions; on pourroit les comparer avec les fusées des feux d'Artifice.

Bien-tôt un torrent embrasé déboucha par la nouvelle crevasse : on le voyoit descendre le long du Talus avec une impétuosité sensible, & il menaçoit d'aller se jetter sur le Bourg de Résina.

Mais vers les neuf heures 22. minutes de la même soirée, ce

torrent parut s'amortir, il perdit son cours, & l'éclat de sa couleur enflamée. Autant en fit l'autre, qui de la bouche supérieure tomboit vers *Bosco*. Quelques personnes les crurent véritablement éteints, & se flaterent qu'on n'en avoit plus rien à redouter.

Cependant les pierres, les flammes & les tourbillons de fumée que la cime vomissoit ne diminuoient pas, le retentissement ne cessoit point, & l'air mugissoit toujours avec la même fureur.

Les choses persisterent dans cet état jusqu'à onze heures 22. minutes du soir : pour lors la nouvelle crevasse redevint féconde tout à coup. On en vit sortir plus de fumée & plus de flammes qu'auparavant ; elle enfanta une prodigieuse quantité de foudres, elle jetta même des pierres : ce qu'elle n'avoit point fait dans sa première éruption.

En même-temps le torrent qui partoit de cette crevasse, reprit son cours avec plus de rapidité. Toute la Montagne paroissoit en feu, tant à cause des flammes, qu'au moyen de la reverberation qu'elles souffroient dans la fumée qui les environnoit.

Dans cette situation l'on entendit la Montagne éclater avec autant de fracas que si elle fût tombée en ruine, & pendant quelque temps elle tonna de la sorte sans discontinuer. Les secousses de la Terre étoient aussi épouvantables que fréquentes; tous ceux qui jusqu'alors s'étoient obstinés à rester dans leurs maisons, en furent arrachés par la frayeur : chacun fuyoit, l'un d'un côté, l'autre d'un autre.

Tout de suite le torrent occupa une grande portion de cette espéce de *Terreplain*, qui s'étend immédiatement au-dessous de la nouvelle crevasse, & que nous appellons *le premier plan* du Vésuve. Là le même torrent innonda une aire longue d'environ 500. pas, & large de 300. & s'y entretint depuis onze heures 22. minutes du soir, jusqu'à trois heures du matin suivant, ou peu s'en falloit.

Pendant cet intervalle, quelques Roches enflammées tombérent sur des Genets, dont la croupe de la Montagne étoit revêtue au-dessous du *Terreplain* qu'occupoit le torrent. Les Genets s'allumérent d'abord, & leur feu donna un spectacle, qui ne servoit qu'à fomenter l'illusion, le trouble & l'horreur dans l'ame de la multitude.

Le 21. commençoit à peine,

& il n'étoit qu'environ une heure & demie après minuit, lorsque le premier torrent, qui descendant du Sommet par le flanc Oriental, avoit d'abord marché d'un pas presque insensible vers Bosco, parut totalement éteint. Un second qui venoit aussi de la bouche supérieure, couloit encore vers l'Occident, mais avec une lenteur extrême. Le dernier qui jaillissoit de la crevasse nouvelle, & qui étoit sans difficulté le principal, s'arrêta quelque temps sur le *Terreplain*, comme nous l'avons marqué; ensuite, continuellement poussé, *talonné* par d'autres éruptions de semblables matiéres que sa source lui prêtoit, il se jetta dans de petits Vallons, & s'y partagea en différents *Ruisseaux*, selon que l'exigeoit l'assiette des Lieux.

Formé par cette division le premier

premier *Ruisseau* couloit vers *Resina*; mais en chemin il tomba dans une Vallée voisine, où quelques Cantons cultivés & plantés d'Arbres furent la proie de l'embrasement qu'il traînoit avec lui. Dans l'éruption de 1698. au mois de May, la même Vallée avoit eu le même sort.

Il paroît que ce premier *Ruisseau* étoit d'abord le plus grand de tous ; nous avons observé que son front excédoit 80. palmes de largeur. Enfin il s'arrêta, mais s'il eût continué sa route, il n'auroit pas manqué d'aller fondre au milieu de *la Tour du Grec*, par le chemin des Capucins.

De l'extrêmité du même *Ruisseau* se détacha un filet de torrent, qui malgré sa petitesse endommagea plusieurs biens dans un autre Vallon.

La vigueur d'un autre *Ruisseau*

fut plus considérable, il pénétra dans une Vallée, où il marcha *tout en corps* jusqu'au lieu nommé *le Fossé blanc*. Dans cet endroit sa division forma deux bras; le droit brûla quelques Terres cultivées, le gauche ne fit que peu de chemin & peu de ravage. Ce même *Fossé blanc* avoit déja été infesté une fois par les torrents du Vésuve en 1696. au mois de Septembre.

Ce second *Ruisseau* sembloit s'être entiérement arrêté, mais le Mardy deuxiéme du mois, vers les quatre heures du matin il reprit son cours, non par les deux bras que lui avoit donnés sa division, mais par la portion du milieu. D'abord il alla brûler quelques Vignes, & forma dans leur enceinte une espéce de petit Lac.

Malgré ce Lac, qui absorboit

beaucoup de matiéres liquefiées, une grosse portion du même *Ruisseau* ne laissa pas de suivre sa route en droiture ; de sorte qu'ayant endommagé quelques Terres, & ruiné quelques Maisons de Campagne, elle déboucha vers l'extrêmité Orientale *de la Tour du Grec.*

Après son débouchement dans cet endroit, *le Ruisseau* s'empara du Pont, qui pour continuer le chemin Royal traverse un petit Vallon profond d'environ 25. pas, entre *la Chapelle du Purgatoire*, & *le Couvent des Carmes.*

Ayant enfin passé toute cette Vallée, *le Ruisseau* s'avança jusqu'auprès de la Mer. Au mois de May en 1698. une *Lavange* avoit pris le même chemin vers le même Pont, mais elle ne put y parvenir.

Arrêté pendant une demie

heure par les flancs du Pont, & par la rencontre d'un mur du Jardin des Carmes, grossissant toujours de plus en plus par la nouvelle matiére qui lui survenoit, ce *Ruisseau* déborda tant à droit qu'à gauche dans le chemin public, dont il occupa environ 67. pas vers l'Orient. En même-temps il pénétra dans la Chapelle du Purgatoire, ou la simple haleine du feu brûla les Ornemens Sacrés.

De l'autre côté vers la Tour & le Couvent *des Carmes*, il s'étendit jusqu'à 75. pas ; une petite porte, que son flanc pressa, & que son feu mit en cendres, lui donna l'entrée dans l'Eglise, mais il n'y fit que très-peu de chemin. Le reste surmonta tous les obstacles, s'allongea dans la Vallée, & s'approcha de la Mer, excepté qu'en roulant autour du

Couvent, il s'en jetta quelque portion dans le Réfectoir & dans la Sacristie, tant par les fenêtres que par les portes. Peu s'en fallut même qu'il n'excédât la hauteur des Cellules, car l'endroit étoit si resserré que les matiéres ne pouvoient y passer sans enfler leur cours.

Ces deux bras, qui s'étoient jettés de part & d'autre dans le grand chemin, présentoient un front d'environ 53. palmes; ils n'acheverent leur course latérale qu'en six heures de temps, c'est-à-dire, depuis plus de sept heures du Mardy matin, jusqu'à une heure & quelques minutes après midy.

Un autre Ruisseau porta le ravage & la désolation dans quelques Terrains cultivés où il s'arrêta. Tous les autres s'arrêterent aussi vers une heure après midy.

Il n'y en eut qu'un seul, qui s'approchant de la Mer coula encore pendant quatre heures.

Pendant tout ce temps jusqu'au 23. l'ancienne bouche du Véfuve jetta des flammes très-violentes, avec quantité de Cendres & de Pierres. Le 24. après une longue *explofion* des foudres, dont notre Volcan ne manque jamais de s'armer dans pareille conjonéture, les feux de la Cime perdirent quelques degrés de leur force ; mais la fumée ni les cendres ne diminuoient pas.

Le 27. il y eut fort peu de flammes, la fumée s'élevoit toujours jufqu'à la même hauteur, & fe répandoit dans l'air avec la même impétuofité ; mais fa noirceur s'éclairciffoit confidérablement.

Le 28. le feu du Sommet étoit prefque réduit à rien.

Le 29. on n'en vit plus du tout, ni les jours suivants.

Le 30. & le 31. de May, & le premier de Juin jusqu'au 5. beaucoup de fumée encore, mais d'une couleur très-claire & très-pâle.

Le 5. & le 6. nous eûmes beaucoup de pluie. Pour lors notre torrent exhala de toutes parts une fumée très-blanche qui empêchoit de distinguer les objets les plus voisins ; elle jetta auprès de la Tour du Grec une violente odeur de soufre, odeur qu'on n'avoit point encore sentie, du moins dans ce Lieu-là, ni avant l'éruption, ni pendant sa durée. Cette vapeur sulfureuse infecta un Terrain d'environ 600. pas à la ronde, où elle endommagea les feuilles des Arbres & leurs fruits naissants.

Après quelques jours d'intervalle, une nouvelle pluie fit fumer le torrent comme la premiere fois, mais la fumée n'avoit point l'odeur du foufre ; c'en étoit une autre encore plus fâcheufe pour le nés & très-incommode pour la tête. On ne fçauroit l'exprimer, ni la comparer avec aucune de celles que nous connoiffons familiérement ; elle fubfifta long-temps dans le diftrict de la Tour du Grec.

Pour le feu du torrent, il conferva fa vivacité, même dans la face extérieure jufqu'au 25. de May ; enfuite les dehors expofés au grand air s'amortirent peu à peu, toute l'ardeur fe concentra dans le fein de la Lavange, au point qu'après plus d'un mois, lorfqu'on y creufoit à la profondeur d'une palme & demie, & qu'on enfonçoit un bâton dans le trou, le bâton s'allumoit encore affez facilement.

Maintenant nous n'avons qu'à donner les réfléxions néceſſaires ſur tout le cours de cet Incendie : elles ſeront tirées ou de nos propres obſervations, ou bien des rapports les plus certains & les mieux conſtatés, qui ſoient parvenus juſqu'à nous.

En premier lieu, pendant tout le mois de May, & juſqu'au 8. de Juin, l'état de l'air fut tel que nous l'avons repréſenté dans la Table ſuivante.

Mais pour l'intelligence de cette Table, il faut noter 1°. Que l'obſervation fut ſouvent faite deux ou trois fois à des heures différentes dans le même jour.

2°. Que la force majeure ou mineure du vent eſt déſignée par les nombres 4. 3. 2. 1. 0.

3°. Que la meſure du Barometre va par doigts ; & que pour rendre l'obſervation plus exacte, chaque doigt est divisé en dix Parcelles

4°. Que notre Thermometre est de la façon de M. Hauksbec ; que l'extrême froid y est marqué par 100. degrés, & l'extrême chaud par 0.

5°. Que les mesures de la pluie sont telles, qu'il en faut quatre pour exprimer l'eau tombée sur Terre à la hauteur d'une ligne, & que cette ligne fait la cinquiéme partie d'un doigt, ou pouce Napolitain.

Nous venons d'exposer l'état général de l'Air, non-seulement durant le cours de l'Incendie, & jusqu'à l'entiére extinction du feu, mais encore pendant plusieurs jours avant sa naissance. Deux raisons nous ont fait embrasser cette méthode.

Il est agréable, il est d'une souveraine utilité d'avoir sous les

TABLE DE L'ÉTAT DE L'AIR DANS LE NAPOLITAIN,
Depuis le premier de May 1737. jusqu'au 8. de Juin exclusivement.

Jours	Heures	Minuts	Qualités des Journées	Vents	Barometre. *Doigts. Douzaines.*	Thermometre. *Doigts.*	Pluye. *Mesures.*
MAY. 1.	5.	29.	Air chargé de broüillard.	S. W. W. . . 1.	34. . . 7.	. . 34.	
	8.	59.	Pluie.		34.		. . 2.
2.	7.	1.	Nuages raréfiés.	S. W. W. . . 1.	34. . . 6.	. . 35.	
	Midy.	1.	Air moins embarrassé.	S. . . . . . 2.	34.		
3.	Midy.	2.	Nuages raréfiés.	S. S. W. W. . 1.	. . 5.	. . 34.	
4.	Midy.	3.	Air couvert de nuages.	S. . . . . . 1.	. . 4.	. . 35.	
	2.	3.	Ciel net.	S. . . . . . 2.			
5.	5.	34.	Air couvert de nuages.	S. . . . . . 1.	. . 7.	. . 33.	
6.	5.	5.	Nuages avec pluie.	S. . . . . . 1.	. . 6.	. . 32.	
7.	2.	7.	Nuages raréfiés.	S. W. . . . 1.	. . 3.	. . 33.	. . 5.
8.	5.	8.	Ciel net.	N. W. . . . 1.	. . 3.	. . 33.	
	11.	8.	Le même.	N. W. W. . 1.	. . 4.	. . 32.	
9.	5.	9.	Le même.				
	Midy.	9.	Nuages raréfiés.	N. N. E. . . 2.	. . 5.	. . 33.	
10.	3.	10.	Nuages dispersés & pluie.	N. W. . . . 2.			
11.	5.	11.	Nuages raréfiés.	N. W. W. . 1.	. . 3.	. . 31.	. . 3.
	7.	11.	Pluie.	S. W. . . . 1.	. . 6.	. . 30.	
12.	5.	12.	Nuages raréfiés.	N. W. W. . 1.	. . 4.	. . 32.	
	3.	12.	Le même.	W. . . . . 1.			
13.			Le même.	S. W. . . . 1.	. . 3.	. . 33.	
14.			Le même.	S. W. . . . 1.	. . 5.	. . 34.	
15.			Nuages épais & pluie.	S. W. . . . 1.	. . 6.	. . 35.	
16.	4.	16.	Ciel net.	W. . . . . 1.	. . 4.	. . 35.	
17.			Le même.	W. . . . . 1.	. . 3.	. . 33.	
18.	8.	19.	Le même.	N. W. W. . 1.	. . 6.	. . 30.	
	4.	19.		S. W. . . . 1.			
19.			Broüillard épais.	S.	. . 6.	. . 27.	
20.			Le même.	S. S. W.	. . 9.	. . 28.	
21.			Le même.	S. W.	. . 7.	. . 28.	
22.			Le même.	S.	. . 6.	. . 24.	
23.			Nuages dispersés.	S. W. . . . 2.	. . 6.	. . 29.	
24.			Pluie.	S. W. . . . 1.	. . 7.	. . 24.	. . 2.
25.			Nuages raréfiés & pluie.	S. . . . . . 2.	. . 7.	. . 26.	. . 5.
26.			Nuages raréfiés.	S. . . . . . 2.	. . 9.	. . 25.	
27.			Pluie.	S. S. E. . . 1.	. . 7.	. . 27.	. . 0.
28.			Nuages raréfiés, entrecoupés, & pluie	S. S. W. . . 2.	. . 6.	. . 27.	. . 5.
29.			Nuages entrecoupés.	N. N. W. . 2.	. . 6.	. . 26.	
30.			Nuages raréfiés.	W.	. . 7.	. . 28.	
31.			Le même.	W. . . . . 1.	. . 9.	. . 24.	
JUIN. 1.			Le même.	W. . . . . 1.	. . 7.	. . 24.	
2.			Ciel net.	N. N. E. . . 2.	. . 6.	. . 24.	
3.			Ciel net, puis des nuages.	N. W. . . . 2.	. . 6.	. . 21.	
4.			Le même.	S.	. . 7.	. . 21.	
5.			Pluie hors de Naples.	S. W. . . . 1.	. . 8.	. . 20.	
6.			Le même.	S. W. . . . 1.	. . 7.	. . 19.	
7.			Nuages dispersés & pluie.	S. . . . . . 2.	. . 7.	. . 21.	. . 2.

yeux un Tableau qui nous offre le procédé de la Nature dans tous ses effets ; par-là on découvre s'ils ont quelque connexion les uns avec les autres, ou bien s'ils sont dans une indépendance mutuelle ; l'examen des Ouvrages de cette grande maîtresse en devient plus facile, les notions plus nettes, & les jugements plus lumineux.

D'ailleurs nous devions montrer quelque égard pour les Anciens, qui pensoient que les Vents jouoient un grand rolle dans l'*accension* des Volcans. *Par le secours des Observations*, dit Strabon (a), *l'on est venu jusqu'au point de croire que les Vents fomentent ces exhalaisons de feu qu'on voit jaillir des Isles Eoliennes, ou des gouffres de l'Etna ; & quand les Vents s'appaisent, les mêmes exha-*

(a) *Lib. 6. pag.* 423.

laisons s'appaisent aussi. Strabon ne témoigne aucune répugnance pour cette idée.

Un peu plus bas ayant rapporté d'après Polybe, que selon la diversité des Vents, les feux des Isles *Eoliennes* ont coutume de s'allumer ou de s'éteindre, & de frémir avec plus ou moins de force, le même Strabon ajoute: *Qu'au reste par la qualité du frémissement, & par la démarche des premiéres éruptions de flamme & de fumée, l'on peut très-bien deviner quel Vent soufflera dans trois jours, & que de-là vient qu'on trouve, lorsque les Vents empêchent la Navigation, quelques Liparots assez experts pour prédire quand & comment les Flots deviendront navigables.*

Quel que soit le fondement de cette antique opinion, & d'autres idées semblables, qu'on pourroit trouver dans les Auteurs sur le même sujet, nous ne voyons point de raisons assez lumineuses, pour nous faire juger que les Vents & l'état de l'Air influent sur les *accensions* de notre Montagne : beaucoup moins encore pour nous faire penser, que sur la qualité des Vents on puisse deviner l'embrasement prochain; ni sur la condition de l'embrasement actuel, présager quel Vent regnera dans deux ou trois jours.

Selon la diversité du Vent les nuages de cendre & de fumée pourront bien être poussés plutôt vers un endroit, que vers l'autre: le frémissement des flammes, le bruit des gouffres, où les matiéres boüillonnent, pourront bien varier encore, & s'étendre avec plus ou moins de fracas; mais voilà tout : nous n'avons rien observé de plus. Nous ne sçaurions déterminer aucun signe, qui soit l'avant-coureur de la colére des Volcans; leurs *accensions* ne prennent qu'en secret l'ordre de la Nature, elles se montrent sans s'annoncer.

Néanmoins quelques-uns proposent pour présage de l'*accension* imminente une odeur de soufre, qui se répand dans l'Air autour du Vésuve, quelques jours avant que le feu paroisse. Ils placent au même rang certain goût *aigret* & sulfureux, que prennent les eaux, qui suintent de la Montagne, & qui vont s'assembler au fond des Vallées voisines, dans des Puits ou dans des Fontaines; mais nous sçavons que cela est arrivé d'autres fois sans amener l'Incendie, & que d'autres fois au contraire l'on a vû éclater l'Incendie sans de pareils préludes; ainsi l'on ne doit en tirer aucune conséquence, du moins pour le fait dont il est question.

Sur la foi des Paysans qui fréquentent la Montagne, quelques personnes ont remarqué encore un autre pronostic, c'est que peu de jours après le petit tremblement de Terre arrivé au mois de Mars en 1737. (*a*) & peu de jours aussi avant l'éruption, les mêmes Paysans, pendant qu'ils *faisoient du bois*, entendirent un grand tumulte, une espece de grondement impétueux, qu'ils tâchoient d'exprimer en le comparant aux cris que jettent les Cochons lorsqu'ils s'attroupent, & se pressent pour passer l'un devant l'autre dans un lieu étroit. Ces bonnes gens, ajoute-t-on, furent frappés d'un effroi si ter-

---

(*a*) Ce fut le 17. du mois, un peu avant le coucher du Soleil.

rible, que sur le champ ils quitterent la place.

Nous ne garantissons pas la foi de cette Histoire : nous sçavons avec quelle facilité l'illusion surprend dans de pareilles rencontres le jugement de la multitude ; & combien certaines gens trouvent de douceur dans le ridicule emploi d'exagerer les prodiges, surtout lorsqu'une situation extraordinaire dispose l'esprit du Peuple à la crédulité.

Sans nous embarrasser des contes que l'on publia parmi les Napolitains, au sujet du terrible Incendie de 1631, & qu'on lit encore dans quelques Relations imprimées (a), nous pouvons juger que telle fut de tout temps la foiblesse du vulgaire. Pline le Jeune, en parlant de l'embrasement qui arriva de ses jours,

(a) Particulierement dans celle du Juliani.

n'a point oublié les apparitions prodigieuses que le Peuple d'alors crut voir, comme autant de pronostics ou de circonstances d'un accident si funeste (a). Dion tient le même langage en décrivant la même calamité (b).

S'il n'est pas raisonnable d'annoncer l'éruption sur des présages de cette espéce, beaucoup moins l'est-il encore d'oser juger de sa grandeur par la fumée, qui s'élevant en droite ligne, représente quelquefois dans l'air la figure d'un Pin. C'est une chose qui arrivera toujours, lorsque

(a) Epist. 20. lib. 6. *Nec defuerunt, qui fictis mentitisque terroribus, vera pericula augerent.* Et plus bas: *Plerique lymphati terrificis vaticinationibus & sua & aliena mala ludificabantur.*

(b) In Tito. *Magnus numerus hominum inusitatâ magnitudine, quales Gygantes finguntur, in eodem monte regioneque finitimâ, ac proximis Civitatibus interdiu, noctuque vagari, versarique in aëre visus est.*

H

la fumée fera copieufe, & que fortant impétueufement du goufre, elle rencontrera un air tranquille, où les Vents ne viendront point l'*infulter*. Pline en a donné la raifon en bon Philofophe (*a*).

Une chofe très-remarquable au plus fort de notre dernier Incendie, c'eft la détonation qu'on entendoit affez fouvent éclater dans le baffin de la Montagne, furtout le Lundy vingtiéme de May. Alors on voyoit crouler les Edifices les plus fermes, non-feulement dans Naples, où leur *Titubation* étoit affreufe, mais encore à la diftance de quinze

---

(*a*) Epift. 16. lib. 6. *Nubes.... Oriebatur, cujus fimilitudinem & formam non alia res magis, quàm Pinus, expresserit; nam longissimo velut trunco efflata in altum quibufdam ramis diffundebatur, credo, quia recenti fpiritu evecta, dein fenefcente eo deflituta, aut etiam pondere fuo victa in latitudinem vanefcebat.*

mille & même plus loin.

A l'égard de cette *Titubation* que l'on pourroit prendre pour l'effet d'un tremblement de Terre, nous devons observer qu'elle n'étoit causée ni par les secousses de la Montagne, ni par les secousses des Cantons voisins. C'est une vérité dont nous avons des preuves très-sûres.

Quelle étoit donc la cause d'une *Titubation* si formidable ? C'étoit l'air rompu par de nouveaux jets d'un feu très-violent, qui s'allumoit d'heure en heure, comme on voit la Poudre à Canon s'enflammer, & petiller toujours avec un surcroît d'impétuosité, lorsqu'à diverses reprises l'on en jette dans un brasier bien rouge.

L'argument qui prouve que telle étoit la vraie cause du fait en question, c'est que dans la

H ij

plus grande fureur de l'Incendie, nous avons observé de Naples, que la détonation du Vésuve, & la secousse des Maisons arrivoient toujours au même instant; mais que l'une & l'autre ne suivoient qu'après quelque intervalle ces violents jets de feu dont nous venons de parler, & dont nos yeux étoient témoins.

Ainsi, depuis l'éruption d'un nouveau globe enflammé, qui jaillissoit du goufre, jusqu'à l'instant où le bruit venoit frapper notre oreille, & où nos yeux voyoient chanceller les Edifices, nous remarquions proportionnellement le même intervalle qu'entre le feu qu'on voit mettre de loin à un Canon, & le coup qu'on entend quelque temps après.

Or, cet espace de temps n'auroit jamais dû intervenir, si la

Ville avoit été secouée par un vrai tremblement de Terre, ou par une *Trépidation* de la Montagne ; car la secousse auroit passé presqu'au même instant jusqu'à des lieux beaucoup plus éloignés.

L'expérience de quelques Observateurs, qui connoissent déja cette Théorie de la détonation du Vésuve, & de l'ébranlement des Maisons, ne laisse aucun doute sur notre idée. Ils étoient dans Naples, d'où ils suivoient de l'œil toutes les démarches du feu, avec l'attention la plus parfaite. Dès qu'ils appercevoient ces prodigieux tourbillons de flammes, que le Volcan lançoit soudainement hors de son sein; aussi-tôt ils annonçoient, qu'après certain intervalle on entendroit le bruit, & qu'en même-temps on verroit trembler les

Edifices ; le fuccès ne manquoit point de juftifier leur prédiction.

Outre cette détonation du Volcan, l'Incendie nous montra un Phénoméne, qu'on a vû de nos jours dans d'autres éruptions précédentes ; nous en avons déja dit quelque chofe. C'étoient des foudres qui s'allumoient au milieu des tourbillons de cendres & de fumée, que vomiffoit le fommet de la Montagne.

Point de différence entre les foudres communes & nos foudres Véfuviennes, fi ce n'eft que les derniéres ont moins de force, & que leurs éclairs font plus foibles auffi-bien que leur bruit.

A les voir dans l'obfcurité d'une fumée très-épaiffe, elles nous repréfentoient ces foudres, qui ferpentent quelquefois dans des nuages condenfés, & qui tracent rapidement un fillon de feu en décrivant par divers Angles quatre ou cinq portions de lignes droites.

Malgré la foiblesse de leurs éclairs, on ne laissoit pas de les appercevoir de la Ville pendant la nuit, même par lumière de réflexion. C'est une chose que nous avons observée plusieurs fois.

Pour ce qui est de leur Tonnerre, il n'avoit point ordinairement d'écho, ni de prolongation, ainsi qu'en a le Tonnerre commun au moyen de l'air répercuté par les Sinuosités des nuages, ou par d'autres masses Terrestres: Son coup étoit presque momentané, tel que le seroit le bruit d'une Couleuvrine, qu'on entendroit tirer sur Mer à quelque distance. Au surplus, pendant tout le cours de l'Incendie, on ne publia rien de singulier touchant les effets *de ces foudres Montagnardes.*

Remarquons en paſſant que le Borelli ne fait nulle mention de pareilles foudres dans ſon Hiſtoire du fameux embraſement de l'Etna en 1669. peut-être parce que l'Etna n'en produit point; peut-être auſſi, parce que ſa grande élevation les confond avec l'*accenſion* générale, & les dérobe aux yeux du Spectateur.

Pline le Jeune n'a pas gardé le même ſilence ; car en nous peignant l'éruption du Véſuve arrivée ſous ſes yeux, il ſemble décrire préciſément cette eſpéce de foudre, lorſqu'il dit : *De l'autre côté on voyoit une nuée noire, dont l'aſpect paroiſſoit épouvantable ; ſon ſein entr'ouvert par les vibrations d'un feu courant, nous montroit des ſillons de flammes, qui reſſembloient aux éclairs communs, ſi ce n'eſt qu'ils avoient encore plus de longueur.*

Avant que d'abandonner l'article de ces foudres, nous devons rapporter une particularité qui mérite quelque attention. C'eſt qu'on ne les voyoit pas s'allumer ſeulement au-deſſus du *grand baſſin* de la Montagne, & dans l'épais nuage de cendre & de fumée, que le même baſſin vomiſſoit ; mais auſſi ſur le torrent, lorſque ſa maſſe encore impregnée de feu jettoit autour d'elle, & de la fumée & de très-cuiſantes exhalaiſons. Il y avoit neanmoins cette différence, que ſur le torrent les foudres étoient plus rares & plus foibles dans leurs effets. En général elles furent par-tout plus fréquentes & plus fortes dans l'extrême vigueur de l'Incendie. On ne laiſſa pas pourtant d'en voir quelques-unes

I

vers la fin, quoiqu'alors la colére du Volcan fût sur le point d'expirer.

Plusieurs Historiens, qui nous ont détaillé les précédentes éruptions du Vésuve, parlent du reculement de la Mer, sinon dans tous les Incendies, au moins dans les plus terribles. On nous peint les Rivages à sec, les Poissons & les Vaisseaux mêmes abandonnés par les Ondes, lorsqu'ils se trouvoient trop près du bord. C'est un fait attesté par les Auteurs contemporains, tant au sujet de l'embrasement, qui ravagea nos Campagnes sous l'Empire de Titus, qu'au sujet de l'ascension de 1631.

Quoi qu'il en soit, & quelle que soit la cause d'un pareil Phénoméne, on n'a pas vû reculer la Mer d'un seul point pendant tout le cours de l'Incendie que nous décrivons. C'en est peut-être assez pour nous convaincre d'un fait constaté d'ailleurs par des preuves très-fortes. Ce fait est, que le même Incendie eut moins de violence que plusieurs autres, dont on nous a conservé la mémoire, spécialement beaucoup moins que les deux qu'on vient de rappeller.

La Tradition & les Ouvrages de divers Auteurs nous font encore souvenir des eaux dont nos Terres furent inondées pendant l'embrasement de 1631. Alors on s'imagina, & jusqu'à présent l'on a toujours tenu pour certain que ces eaux sortoient de la bouche & des crevasses du Vésuve : qu'en un mot, il les vomissoit par les canaux mêmes, d'où nous le voyons jetter feux & flammes.

Plusieurs Physiciens ont tâché

I ij

de pénétrer par quelles voies la Nature produisoit un Phénoméne si surprenant; tel pensoit d'une maniére & tel d'une autre; chacun s'obstinoit à fatiguer son esprit; la curiosité s'animoit d'autant plus que le sujet étoit absolument nouveau, & que, ni l'Etna, ni les plus célébres Volcans n'avoient jamais donné pareil spectacle.

Malgré cette opinion si commune & si accréditée, nous croyons fermement que l'eau qu'on prétendoit émanée des Réservoirs de la Montagne, n'étoit qu'eau de pluie toute pure. Les Historiens s'accordent dans un point, qui est que pendant l'éruption de 1631. il plut sans discontinuer; on eût dit que les plus fécondes cataractes du Ciel s'ouvroient sur le Pays Napolitain.

Trouvant les Vallons comblés des matiéres que le Volcan y jettoit, cette eau du Ciel ne pouvoit plus s'amasser dans les canaux qui avoient coutume de la contenir ; par conséquent elle se précipitoit sur les Campagnes & sur les Villages voisins, où elle porta toute la désolation qu'on peut facilement imaginer.

D'ailleurs, dans les plus grandes pluies la Terre boit ordinairement une portion des eaux qui tombent sur elle ; & par ce moyen elle en diminue le cours. Cette diminution n'eut point lieu pour lors, parce que les Champs étoient couverts des cendres du Vésuve; espéce de cendre, qui loin de s'imbiber d'eau la rejette toute entiere, ainsi que font les toits des Maisons ; c'est de quoi nous sommes assurés par plusieurs expériences très-certaines. Voilà donc une seconde cause qui rendit l'inondation encore plus formidable.

Autre preuve incontestable de notre sentiment. Selon l'histoire de ces temps malheureux, le dommage causé par les eaux ne fut pas moindre dans Somma, dans sainte Anastasie, dans Nole & dans d'autres Cantons situés au pied de la Montagne vers le Nord, que dans les Contrées Méridionales, qui sont sur le Port de la Mer, comme Portici, Résina, la Tour du Grec, & la Tour de l'Annonciade.

Or, si les eaux étoient sorties du gouffre même d'où sortoit le feu, elles n'auroient pû en aucune maniére tomber sur ces Cantons Septentrionnaux ; car pour arriver jusques-là, il faudroit supposer qu'élancées dans l'air, elles s'y seroient soutenues, comme fait ordinairement la cendre; & c'est une chose qu'aucun esprit sain ne croira jamais, dès qu'il sçaura que les deux Sommets de la Montagne sont divisés l'un d'avec l'autre par un intervalle de plusieurs centaines de pas.

Mais il y a plus, car il nous est tombé entre les mains un Decret du Conseil Collatéral de Naples, datté du 12. Mars 1632. & rapporté au long par *Jean Bernardin Juliani* (a); en voicy le Titre, qui nous offre une derniere preuve : *Sur l'Exemption demandée par quelques Communautés pour réparer le tort que leur ont fait les Cendres, les Sables, les Pierres & les Feux du Vésuve, & l'inondation des Eaux qui ont coulé, tant de la même Montagne que des Monts d'Avella, &c.*

(a) Dans son Traité du Vésuve & des Incendies de ce Volcan. pag. 167.

Cet énoncé nous fait voir que la pluie ravagea, non-seument les Campagnes situées au pied du Vésuve, mais aussi les Plaines dominées par les *Monts d'Avella*. Or les Monts d'Avella tiennent à l'Apennin, & sont loin de notre Volcan d'environ huit mille : D'ailleurs, ils ne jettent ni feu, ni flamme. Ainsi donc, quand même les goufres du Vésuve auroient été pour lors dans une tranquillité parfaite, le Territoire d'alentour n'auroit pas laissé d'être incommodé par l'affluence des eaux, car dans les grandes pluies c'est le sort ordinaire de tous les endroits voisins des Montagnes.

CHAPITRE II.

Du Torrent, ou Lavange *de Feu vomie par le Véſuve, & de ſa grandeur.*

JUſqu'à préſent nous avons fait une Deſcription générale du dernier Incendie ; nous avons rapporté jour par jour tout ce qu'on a obſervé dans ſon commencement, dans ſon progrès & ſur ſa fin. Maintenant il convient d'examiner en détail les circonſtances particulieres qui pourront intéreſſer la curioſité des Lecteurs. C'eſt une dette que nous tâcherons de payer, en ſuivant l'ordre des Chapitres, qui font la diviſion de notre Ouvrage.

Entre tous les Phénoménes

du Véfuve, nous devons mettre sans doute au premier rang cet écoulement de matiéres liquéfiées, que nos Compatriotes appellent *des Lavanges* ; l'excessive dureté qu'elles prennent en perdant leur chaleur, nous les offre comme autant de témoins immortels, capables d'éternifer la mémoire des Fournaifes, qui ont pû les diffoudre, & leur prêter une fluidité si dangereuse.

Nous ne trouvons pas que dans les Auteurs d'une antiquité reculée, il soit clairement fait mention de nos Torrents *Véfuviens*; peut-être que le Volcan n'en jettoit point alors, quoiqu'il s'allumât ; car les procédés de la Nature font très-divers dans les Incendies ; peut-être que ces mêmes Torrents échappoient aux yeux dans la confusion que devoit caufer un si terrible spectacle.

On disoit qu'on voyoit brûler toute la Montagne, & il paroissoit qu'on n'avoit plus rien à dire.

Quelqu'un pourroit cependant soupçonner, que dans l'Incendie arrivé sous Titus, notre Volcan versa un Torrent de cette espéce, & le soupçon s'appuieroit sur l'autorité de Pline le Jeune, qui dit que la Galére de son Oncle tâchoit vainement de gagner le Rivage voisin du Vésuve, parce qu'il s'y étoit formé comme un Cap, dont la pointe s'étendoit assez loin dans l'eau ; c'est ce que semble nous indiquer l'expression Latine. *Jam vadum subitum, ruinâque montis littora obstantia* (a).

La conjecture pourroit trouver des exemples qui lui donne-

(a) *Epist.* 16, *lib.* 6. Voyez aussi Tillemont dans la Vie de Titus. *Art.* 5.

roient une force nouvelle. On sçait qu'en 1631. nos Torrents de pierres liquéfiées descendirent du sommet de la Montagne jusques dans la Mer ; l'horrible Incendie de l'Etna en 1669. laissa sur les bords de Catane un monument encore plus mémorable, car le Torrent de feu pénétra si loin dans le sein des Ondes, qu'il y forma une jettée, dont l'étendue embrasse presqu'assez de Mer pour servir de Port aux Vaisseaux.

Que le Cap indiqué par Pline fut neanmoins d'une autre nature, deux raisons nous le persuadent. En premier lieu, l'Oncle de cet Ecrivain étoit parti *de Misene* dès le commencement de *l'accension* ; or, il n'est point du tout croyable qu'en aussi peu de temps qu'il en falloit pour passer *de Misene* aux bords voisins du Vésuve, un Torrent de feu soit descendu de la Montagne jusqu'à la Mer, chacun sçait que nos Lavanges coulent avec trop de lenteur pour faire si-tôt un pareil trajet : d'ailleurs, on n'ignore pas qu'elles ne jaillissent du Volcan, qu'après que le Volcan lui-même s'est signalé quelque temps par sa détonation, & qu'il a vomi des tourbillons de flamme & de fumée.

Secondement, quel moyen d'imaginer qu'un Torrent de cette espéce ait empêché Pline l'ancien de prendre terre auprès du Vésuve ? Quelque démesuré qu'on le veuille supposer, ce Torrent prétendu, son front ne pouvoit jamais excéder deux ou trois cents pas de largeur. En étoit-ce assez pour fermer l'accès du Rivage à la Galére ? Il lui suffisoit de biaiser un peu pour esquiver l'obstacle, elle auroit abordé facilement.

Concluons donc que l'obstacle marqué par Pline le Jeune provenoit des Cendres, des Pierres-ponces & des Roches, qui tombant du Vésuve s'ammoncelerent dans l'eau, jusqu'au point d'empêcher qu'une Galére n'y trouvât assez de fond. On peut l'inférer de l'abondance des mêmes matiéres, qui furent lancées jusques dans *Stabia*, lieu situé sur l'autre bord du Bassin ; car cette abondance étoit si prodigieuse, qu'il ne s'en fallut pas beaucoup qu'elle ne bouchât la sortie des Maisons, & qu'elle n'emprisonnât pour jamais les Habitants dans leurs propres Foyers, comme Pline le témoigne, en poursuivant ce récit vraiment lamentable.

Tout cela soit dit pour montrer que les Anciens n'ont pas décrit *nos Lavanges Vésuviennes*, & que peut-être ils ne les ont point connues, quoique d'ailleurs Virgile (a) & Strabon (b) aient parlé très-clairement sur le même sujet à l'égard du Mont Etna.

Au reste, l'on pourroit croire que Procope fut le premier qui s'expliqua nettement sur nos *Lavanges* ; car ayant fait mention des autres Phénoménes que le

(a) Georg. lib. 1.

Vidimus undantem ruptis fornacibus Ætnam,

Flammarumque globos, liquefactaque volvere saxa.

Item Æneid. 3. versu 576.

(b) Lib. 6. pag. 413. *Lapide in crateribus colliquato, ac deinde sursum egesto, humor vertici superfusus cœnum est nigrum per montem deorsum fluens ; deinde ubi concrevit, lapis fit molaris.*

Vésuve nous offre dans ses fureurs, il ajoute : *Outre cela, du sommet de la même Montagne, ainsi que du sommet de l'Etna, jaillissent ordinairement des matières embrasées que leur fluidité fait descendre jusques dans la Plaine ; elles s'avancent comme un Fleuve, elles portent dans leur cours le ravage & la destruction* (a).

Tillemont, quoique Ecrivain très-exact, donne cette primauté à Procope dans la vie de Titus (b) ; nous trouvons pourtant qu'il est faux qu'avant Procope on n'ait jamais parlé *de nos Lavanges*, puisque Cassiodore en parle dans la fameuse Lettre Civile au nom du Roi Théodoric à Fauste Gouverneur de la Campanie ; mais il emploie des formules d'expressions, qui ont pû facilement

(a) *Lib. 3. de bel. Goth.*
(b) *Art. 6.*

tromper

tromper les Lecteurs. Voicy ses termes : *Videas illic quasi quosdam fluvios ire pulvereos, & arenam sterilem impetu fervente, veluti liquida fluenta decurrere* (a).

Ayant nommé dans cet endroit la poussiére & le sable, Cassiodore a donné lieu de juger qu'il n'avoit eu en vûe que le Sable ou les Cendres, dont les environs de notre Montagne sont inondés au fort des plus grandes *accensions* ; & comme il ajoute un peu plus bas : *Stupeas subitò usque ad arborum cacumina dorsa intumuisse Camporum, &c.* La fausse intelligence du premier passage a fait naître une autre erreur dans l'esprit des Historiens du Vésuve ; car en lisant le second, ils ont pensé qu'il tomba tant de cendres sous le Regne de Théodoric, qu'elle surmonta le som-

(a) *Variar. lib.* 4. *Epist.* 50.

K

met des arbres & les enfevelit totalement ; auffi ne manquent-ils pas d'appuyer fur ce prodige, lorfqu'il nous peignent l'éruption décrite avec tant d'emphafe par Caffiodore. De-là les exagérations de Tillemont (*a*) ; de-là celles de plufieurs autres Ecrivains, & particuliérement celles de notre Jofeph *Macrino* (*b*) dans fon petit traité fur le Véfuve.

Avec la permiffion de tous ces Sçavants, nous croyons que Caffiodore vouloit défigner nos Torrents de matiéres liquides ; plufieurs termes qu'il emploie dans les deux paffages qu'on vient de citer, le montrent affez clairement ; & fi l'on y trouve les noms *de fable & de pouffiére*, c'eft parce qu'à regarder quelques-uns des mêmes Torrents en

(*a*) Loc. cit.
(*b*) Cap. 11.

plein jour pendant qu'ils coulent encore, on ne voit qu'un amas de poussiére, de sable & de pierres brisées plus ou moins rouges, suivant que l'impression de l'air les refroidit plus ou moins, comme nous l'expliquerons en temps & lieu.

Notre sentiment paroît d'autant plus vrai, que, si d'un côté l'on ne peut croire sans donner dans l'illusion, qu'il pleuve jamais assez de cendres pour enterrer tout d'un coup les arbres jusqu'au dessous de leur cime; on peut assurer d'un autre côté que nos Torrents s'élevent quelquefois assez haut pour cela; l'expérience nous le prouve. Ainsi nous jugeons qu'il ne doit rester aucun doute sur l'idée de Cassiodore. (*a*)

(*a*) On doit remarquer ici les paroles de Sigonius *lib. 16. De Occidentali Imperio ann.*

Et à dire vrai, cette maniére d'interpréter Cassiodore nous flatte beaucoup ; car nous ne sçaurions nous contenter de croire que, parce qu'aucun Ancien n'a fait expresse mention de nos Torrents, le Vésuve n'en ait point jetté dans les premiers siécles. Si l'Etna, si les Volcans de Lipari en jettoient pour lors, comme l'assurent Strabon & d'autres qui l'ont devancé, pourquoi notre Montagne auroit-elle dif-

---

512. Car dans cet endroit il dit la même chose que Cassiodore, mais avec un peu plus de clarté ; son expression pourra confirmer notre sentiment. *Cinis inde tantus effundebatur, ut Provincias quoque transmarinas obrueret. In Campaniâ verò quidam quasi pulverei Amnes fluebant ; & arena impetu fervente more fluminis decurrebat, quâ plana Camporum usque ad arborum cacumina tumescebant.* Voilà un passage qui annonce que l'Auteur distinguoit la pluie du sable & des cendres *Vésuviennes* d'avec les Torrents embrasés, & que selon lui c'étoient précisément les Torrents qu'on devoit accuser d'avoir couvert nos Campagnes jusqu'à la hauteur du sommet des Arbres.

féré d'en vomir, pendant qu'elle s'abandonnoit dès-lors même à toutes ses fureurs?

De-là il suit que toutes, ou du moins quelques-unes d'entre *les Lavanges* découvertes de nos jours par les Dominicains de *Notre Dame de l'Arc*, ainsi que nous l'avons observé dans l'introduction, peuvent être justement regardées comme très-antiques. Nous parlerions de leur antiquité avec plus d'exactitude, si nous sçavions depuis quand la Montagne a changé d'aspect, & dans quel temps elle prit la figure que nous lui voyons; mais puisque les dates nous manquent, il faut laisser cette recherche à part.

Assurément nous sçavons par des preuves réitérées, que notre Montagne vomit *des Lavanges* aussi-bien que l'Etna ; nous lui connoissons cette propriété funeste, au moins depuis le temps de Procope, dont l'expression que nous avons rapportée ne laisse aucun doute ; par conséquent nous ne pouvons deviner quelle étoit l'idée de notre *Thomas Cornelio*, lorsqu'ayant parlé de l'Etna & de Lipari, & des Torrents de pierres liquéfiées qu'on voit jaillir de leurs gouffres, il se récrioit sur les mêmes Torrents à l'égard du Vésuve, comme sur un Phénoméne inconnu jusqu'alors ; c'est dans son *Progymnasme des sens*, & voici de quelle maniére il s'énonce : *Quid ? Quod ipse quoque Vesuvius ejusmodi materiam (quod à nemine ante nos fuerat animadversum) semel ac iterum large copioseque ejectavit ? Quo hæc contigerint ævo latet penitus in obscuro, &c.*

Quand même jusqu'en 1631. l'on n'auroit rien sçû *de nos La-*

vanges, la découverte que cet Auteur s'arroge, n'en auroit pas un plus grand air de nouveauté, ou de singularité ; car tous les Historiens du mémorable Incendie qui arriva pour lors, font une mention très-claire des vastes Torrents de feu, dont le cours exterminateur ravagea nos Plaines les plus fertiles, & consuma des Villages entiers. Or ces Historiens florissoient avant *Thomas Cornelio*.

Peut-être, avec son ton merveilleux, n'a-t-il rien observé de nouveau que l'usage qu'on fait de nos Torrents depuis quelques années ; on taille en pierre carrées cette espece de Roche qui forma autrefois un ruisseau brûlant, & l'on s'en sert pour paver les ruës de Naples....... Mais nous nous arrêtons trop sur de pareilles minuties, rapprochonsnons de notre sujet.

En 1631. *les Lavanges* furent excessives, comme nous venons de le marquer ; *leurs flots* inonderent tous les flancs de la Montagne, tant vers le Midy que vers le Couchant, ensuite on les vit s'avancer jusqu'à la Mer & s'y jetter par différents endroits. Depuis cette époque le sommet du Vésuve n'a jamais manqué de verser, même dans les plus foibles *accensions*, quelque écoulement semblable.

Il est vrai que l'écoulement n'alloit pas toujours loin ; mais cette derniére fois les choses ont bien changé de face, car soit que l'Incendie fût plus fort qu'il n'avoit coutume de l'être, soit que le Torrent gagnât presque la moitié du terrain en jaillissant de la crevasse nouvelle ; soit qu'étant tombé dans des
vallons

vallons situés vers nos rivages, le même Torrent trouva un sentier commode pour marcher en droiture sans s'exténuer ; soit en un mot que quelqu'une de ces causes, ou bien toutes ensemble l'aient favorisé dans sa course, nous l'avons vû s'avancer jusqu'au point de couper le chemin royal, & de ne s'arrêter qu'à une très-petite distance de la Mer. Jamais *Lavange* n'en avoit fait autant depuis 1631.

Or cette *Lavange* qui parcourut tant de chemin, pour ne rien dire des autres, que versa la bouche supérieure, cette *Lavange* formidable jaillit le Lundy vingtiéme de May vers le coucher du Soleil, comme nous l'avons remarqué dans le Journal ; elle fut précédée vers les dix-neuf heures par une *détonation* très-distincte, & plus sensible que toutes les autres *détonations* du même embrasement.

Telle est la coutume du Volcan : on trouve dans les Histoires de nos plus grandes éruptions, que *les Lavanges Vésuviennes* sont presque toujours devancées par quelques détonations semblables, comme si le Torrent ne pouvoit déboucher sans que la croûte de notre Montagne se brise, ni cette croûte se briser sans faire un bruit affreux.

Nous ne sçaurions assurer si *cette Lavange* déboucha positivement dès les dix-neuf heures, ou s'il fallut autant d'intervalle qu'il y en eut depuis dix-neuf heures jusqu'au coucher du Soleil, pour que la matiére achevât de se cuire, & devînt propre à couler, ou bien pour qu'elle pût en bouillonnant s'élever du fond des souterrains jusqu'au desfus de la croûte. Peut-être l'écoulement commença-t-il plûtôt que nous ne le penfons, mais d'abord avec tant de lenteur qu'on ne l'apperçut qu'à la fin du jour.

Pour mieux connoître l'endroit d'où déboucha *cette Lavange*, les Lecteurs n'ont qu'à confulter notre Carte du Véfuve, elle met fous les yeux l'afpect de la Montagne entre l'Occident & le Midy, on en tirera plus de clarté que de nos Defcriptions.

Crayonnons pourtant une ébauche fur cet article. On peut divifer la hauteur du Volcan en trois portions égales, depuis fa pointe jufqu'au *Terreplain*, d'où naît la fourche des deux Sommets. Vers les confins de la premiére & de la feconde portion d'en bas s'ouvrit la bouche nouvelle; & nous jugeons qu'elle eſt la même, ou du moins qu'elle s'eſt faite dans le même niveau qu'une autre bouche, qui en 1631. verſa l'énorme Torrent, dont une ſi grande étendue de Pays fut accablée.

Au-deſſus de cette nouvelle crevaſſe l'on voit un grand morceau de terrain creuſé, comme ſi l'on y avoit fait exprès une niche : elle n'a pas dû coûter beaucoup de travail à la nature, car les matériaux de la Montagne ne ſont dans cet endroit que ſable & pierres ſans liaiſon, ainſi que l'excavation même le démontre clairement.

On peut croire que pareille ruine fut l'ouvrage de deux moyens combinés, qui ſont la ſecouſſe & l'engloutiſſement des matériaux ; la ſecouſſe les détacha ; l'ouverture qui venoit de ſe faire au-deſſous, les abſorba presque dans le même instant. Voilà, selon toute apparence, comment furent formées & la crevasse nouvelle, & l'espéce de niche qui la surmonte. Voilà d'où jaillit le Torrent principal, dont un ruisseau s'avança jusqu'au bord de la Mer.

D'autres Torrents, ainsi que nous l'avons déja rapporté, sortoient de la bouche supérieure, mais leur cours s'arrêta bientôt ; on les voit maintenant comme accrochés, comme suspendus au sommet, l'un plus haut, l'autre plus bas, l'un plus large, l'autre plus étroit de front.

Ordinairement l'on reconnoît d'assez loin *les Lavanges* nouvelles, mais plûtôt par leur couleur de feu, que par leur élévation au-dessus du terrain d'alentour, car cette élévation n'est pas bien sensible en tous lieux ;

on ne l'apperçoit qu'à peine dans les Vallées, même en y regardant de près.

Diverses *bandes* ferrugineuses paroissent tirées du haut en bas sur le dos de la Montagne; ce sont-là nos Torrents pétrifiés. Plus l'œil approche de leur source, plus il leur voit une teinte sombre & noirâtre, mais avec le temps cette teinte *s'appauvrit*, elle s'efface peu à peu; de sorte qu'après certain nombre d'années l'on ne sçauroit discerner une *Lavange* d'un endroit, d'où l'on ne discernera point son élévation.

Par cette inégalité de couleur, par ces teintes toujours dégradées à proportion du temps écoulé depuis l'Incendie, on pourra prononcer sans peine sur le plus ou moins de vieillesse des Torrents, dont la croupe de notre Montagne est chargée; & les plus anciens seront ceux, dont l'écorce ayant déposé sa noirceur natale, ne ressemblera qu'à de la terre commune : métamorphose causée, moitié par l'action de l'air & des pluies, moitié par l'irruption de la poussiére & des cendres, que dans un long intervalle de temps les vents & les pluies mêmes ne manquent jamais d'amasser sur la face extérieure *des Lavanges*.

L'image la plus propre pour bien peindre l'aspect que donnent au Vésuve les Torrents pétrifiés, qui l'ont inondé en différents temps, c'est l'exemple d'un Canton, dont quelques parties ont été labourées en sens divers, l'un plûtôt, l'autre plus tard. Les portions fraîchement remuées montreront une couleur noirâtre au gré de l'humeur dont elles feront encore pleines; d'autres, fuivant leur culture moins nouvelle, paroîtront d'un bis moins foncé ; d'autres enfin n'annonceront l'effet de la Charrue que par le brifement de la terre, par les fillons, & par les mottes qu'on y verra.

Non-feulement cet exemple fait concevoir avec juftefle la couleur des Torrents vomis par le Véfuve en diverfes occafions; mais il dépeint encore l'état de la Montagne quant aux *Scabrofités* de fa fuperficie. Car de même qu'en labourant un Champ, l'on voit s'élever mille & mille morceaux de terre tous différents par leur groffeur & par leurs figures, une motte fe foutenir fur un côté, l'autre fur un autre, celle-ci demeurer pofée à plat, celle-là démontrer par quelqu'autre fituation bifarre la force du Soc qui l'a bouleverſée ſans aucune loi certaine ; ainſi s'offre aux yeux l'écorce *des Lavanges*.

Rien de plus vrai que cette comparaiſon. Quiconque regarderoit *nos Lavanges* ſans être inſtruit de la vérité, les prendroit d'abord pour différentes portions de terre profondément briſées par le Soc, ſi ce n'eſt que les morceaux *des Lavanges* ſont beaucoup plus grands, quelquefois armés de pointes plus aiguës, ſouvent appuyés ſur des baſes très-petites ; rarement voyons-nous ces mottes de terre commune en pareille ſituation, leur extrême friabilité ne le permet pas.

Après certain intervalle de temps, on voit dans un Champ labouré les pointes les plus aiguës s'abbatre d'elles-mêmes, & ſe couvrir de pouſſiére ; autant en font les pointes *des Lavanges*. C'est en partie sur quoi nous disions tantôt qu'on peut sans peine fixer l'époque de leur éruption; car pour le faire, il faut considérer leur couleur plus ou moins ferrugineuse, & l'état de leur aspérité plus ou moins sensible.

Cette aspérité de superficie n'a pourtant pas uniformément lieu dans tout le progrès de chaque *Lavange* ; nous les trouvons d'ordinaire moins hérissées, moins *raboteuses* auprès de leur source, que lorsqu'elles ont fait beaucoup de chemin, & cela par plusieurs raisons ; entre autres, parce qu'auprès de la source les matériaux sont plus homogénes.

Quelquefois nos Torrents sont chargés de pointes prodigieuses, qui s'élevent à la hauteur de dix huit ou vingt palmes ; telles font les pointes qu'on trouve près de cent pas au-delà du chemin public fur le dos *de cette Lavange* formidable, que notre dernier embrafement pouffa jufqu'au bord de la Mer.

On peut juger que ces pointes fi exorbitantes font des maffes de pierre vive, qui ont été rencontrées par le Torrent de feu. Il les entraîne dans fon cours, elles s'avancent avec lui, furvient quelque embarras, qui les arrêtant au milieu de leur marche les fait refter toutes droites, & fouvent toutes encroûtées de la matiére du Torrent même.

Prefque tout le long de notre derniere *Lavange*, nous trouvons encore des Roches pareilles, foit que la Montagne les ait jettées fur le Torrent, foit que le Torrent les ait rencontrées dans son chemin. On les voit masquées d'une croûte *grumeleuse*, qui leur vient de la matiére fluide qu'elles ont touchée ; mais cet *encroûtement* n'est pas si bien lié avec les pierres, qu'on ne puisse l'en détacher sans beaucoup de travail ; alors tel qu'un moule fabriqué tout exprès, il retient la conformation que leur surface lui donne, dès qu'il s'endurcit autour d'elles.

Observons avant que d'abandonner cet article, que toutes les pierres qui sont-là par rencontre, ne demeurent pas également couvertes de croûte ; plusieurs d'entre elles n'en ont que sur la surface qui s'oppose au cours du Torrent ; l'autre face est nette, rien ne l'offusque.

Outre cela quelques concretions trouvées sur le *dos* du Torrent doivent avoir place ici; car il paroît qu'elles font moins l'effet d'un amas fortuit de matiére, que d'une cause nécessairement réglée : d'autant mieux qu'on en voit souvent plusieurs d'une même façon rassemblées dans un petit espace de terrain.

Ce sont des boules assez rondes, eu égard à la concurrence de tant de causes diverses, qui pouvoient en gâter le travail; il y en a de différentes grosseurs; la plus grande que nous ayons trouvée porte quatre bonnes palmes de diamétre, elle n'est qu'à quelques pas du chemin public en tirant vers la Montagne.

Nos Torrents & ces boules paroissent de la même matiére. Les boules sont d'une consistance médiocre ; elles n'ont rien d'étrange, ni dans leur couleur, ni dans leurs autres qualités; mais leur travail a quelque chose de *spécieux*, & l'on peut en l'examinant deviner par quelle voie elles ont été produites.

Il faut qu'elles se soient formées en roulant long-temps & successivement sur chaque point de leur superficie. Car elles sont composées de plusieurs *foliations* ou lames, toutes de l'épaisseur d'environ deux ou trois doigts, toutes *devidées* l'une sur l'autre, ainsi que le Bézoar, & les pierres qui s'engendrent dans le corps des animaux. L'union mutuelle de *ces croûtes laminées* n'est pas bien tenace, on peut les détacher assez facilement.

Reste maintenant à parler de la mesure des matiéres, pour faire comprendre, au moins en gros, quelle est la masse de tout ce que notre Volcan versa dans la derniere éruption en forme *de*

Lavange. Nous avons levé cette mesure le plus soigneusement qu'il nous a été possible ; mais on conçoit sans peine, que dans des calculs semblables l'on ne sçauroit procéder avec l'exactitude scrupuleuse, qui s'étend jusqu'aux plus simples minuties.

La longueur du Torrent principal, qui jaillissant de la crevasse nouvelle s'avança jusques sur le Rivage, est d'environ 3550. cannes Napolitaines ; notre canne porte huit palmes entiéres, & la palme vaut un sixiéme moins que le pied de Paris ; tellement que six de nos palmes & cinq pieds de Paris font à peu près la même chose.

Tout le long des 750. premiéres cannes, en partant de la source du Torrent, sa largeur est de 750. cannes aussi sur environ huit palmes de profondeur.

Un endroit portant l'autre, suivant que nous l'avons reconnu par dix opérations diverses, les 2800. derniéres cannes de cours ont 188. palmes de largeur, leur profondeur est d'environ 30. palmes.

Venons présentement *aux Ruisseaux* émanés du même Torrent principal ; *le Ruisseau*, qui se jetta dans des Vignes, & dans d'autres Champs cultivés, porte 1150. cannes de longueur dans tout son cours ; sur quoi compensant le fort avec le foible, nous trouvons par trois opérations diverses 1050. cannes, qui ont deux cens sept palmes de largeur, & dix de profondeur; le reste est large d'environ 100. palmes.

L'autre *Ruisseau*, qui courut vers les Capucins, est long de 1800. cannes, large de 548. palmes,

mes, & profond de vingt, mesure fondée sur sept opérations, en compensant toujours le fort avec le foible.

Il suit de la supputation précédente, que ces matiéres jettées par le Vésuve font un total d'environ 595948000. palmes cubiques, sans compter ni les cendres, ni les pierres, ni même *les Lavanges* versées par la bouche supérieure du Volcan.

CHAPITRE III.

D'autres choses remarquables touchant les Lavanges du Vésuve.

Tout ce qu'on a dit jusqu'à présent des Torrents *Vésuviens*, ne roule que sur leurs qualités les plus palpables. Maintenant nous en allons détailler d'autres, dont la peinture ne doit pas moins trouver place dans notre Histoire, & nous y joindrons quelques réfléxions.

D'abord il faut avertir qu'autre chose est de considérer *une Lavange*, lorsque le Volcan vient de la verser : autre chose quand les feux du Volcan sont entiérement éteints.

Dans le premier cas, une Lavange n'offre que trois qualités

notables ; sçavoir, son état de fluidité, que l'on reconnoît en la voyant couler, comme font les liqueurs, puis *son teint rougeâtre*, & sa fureur incendiaire.

Vûes de loin dans l'obscurité, *nos Lavanges* offrent une lumiére, non pas brillante, telle qu'a coutume d'en jetter la flamme vive, mais plus morne, telle qu'est la lumiére des choses rougies au feu, & qui brûlent sans flamme. Enfin, dès qu'on s'en approche à quelques pas, on sent l'extrême violence de leur chaleur, comme le sentent trop bien, & les arbrisseaux & les maisons, & tout ce qu'elles rencontrent sur leur passage.

Dès que la véhémence du feu vient à s'appaiser, le Torrent perdant sa fluidité se congele en pierre dure & friable ; ensuite il perd sa couleur rouge, & enfin sa chaleur, mais plus lentement que tout le reste.

Commençons donc par examiner la fluidité *des matiéres Vésuviennes*. On peut la comparer justement avec la fluidité du bitume fondu, ou mieux encore avec celle du verre liquéfié.

Mais cette fluidité, cette mollesse n'est pas égale dans tous les Torrents, & un même Torrent ne la retient pas également dans tout son cours; car outre la diversité, qui peut naître du mélange des corps plus ou moins susceptibles de fusion, le feu doit certainement par un plus grand dégré d'ardeur rendre la matiére plus capable de couler.

Par-là on peut comprendre pourquoi le Torrent, qui dans cette derniere *accension* coula de la crevasse nouvelle, fut beaucoup plus fluide que le Torrent émané de la bouche supérieure, comme nous devons l'inférer du mouvement de l'un & de l'autre. C'est sans difficulté, parce que la force du feu étoit plus violente pour le premier que pour le second.

Par-là on doit concevoir encore pourquoi dans un même Torrent la fluidité paroît d'autant plus grande, qu'il est plus voisin de sa source, & pourquoi, à mesure qu'il s'en éloigne, la fluidité se rallentit.

Si les matiéres fondues n'ont pas le même dégré de fluidité dans tous les vomissements de notre Montagne, si cette fluidité paroît tantôt plus forte, tantôt plus foible dans les différents espaces de chemin qu'un seul Torrent parcourt, elle n'est guére moins inégale du dehors au dedans de chaque Torrent en particulier. Car plusieurs personnes ont souvent observé qu'en frappant avec la pointe d'un bâton les dehors *d'une Lavange* qui coule, on les trouve ordinairement durs, & quelquefois durs jusqu'au point de retentir sous le coup ; le dedans est pourtant encore fluide, autrement *la Lavange* ne pourroit plus avancer.

Malgré notre témoignage, quelqu'un pourroit révoquer en doute cette fluidité, ou pour parler plus précisément, cette *liquidité*, cette mollesse des matiéres jettées par le Vésuve ; on pourroit soupçonner que nos Torrents ne sont autre chose qu'une masse de cendres & de pierres brûlées, dont les débris coulent *pêle-mêle* au gré d'un feu violent, qui les pousse sans aucune intermission. Ainsi voit-on les pierres & le plâtre d'une maison ruinée tomber tout en un corps, & former par leur contiguité, pourvû que la pente soit assez rapide, l'image d'une espéce de Fleuve.

Cette idée, quoique fausse, trouveroit quelque appui dans l'inspection *des Lavanges* mêmes, au moment qu'on les voit couler; car on n'y apperçoit pour lors que pierres rompues, que morceaux de Rocher, que masses de terre & de cendres, qui s'entre-choquent avec fracas, sans que rien de liquide paroisse les accompagner dans leur course.

Quiconque penseroit de cette maniére, pourra sans peine en être désabusé, s'il fait attention à deux choses. Premiérement, on n'a qu'à observer une fois la *moelle*, ou le dedans *de nos Lavanges*; on trouvera ce dedans si ferme, si continu, si bien rassemblé en un seul corps tout le long d'un très-grand espace de chemin, qu'on jugera que le Torrent n'étoit d'abord qu'une matiére fluide, qui s'est consolidée avec le temps.

Secondement, cette croûte, qui s'attache aux pierres, que le Torrent rencontre dans son chemin ; cette croûte, qui prend leur figure avec tant de justesse, répand sur la question une évidence victorieuse ; car si les Lavanges n'avoient pas été d'abord molles & fluides, jamais elles n'auroient pû *masquer* des pierres, des clous, & d'autres corps semblables, que l'on y trouve parfaitement enchassés.

Nous nous sommes jettés dans cette discussion, pour constater la mollesse & la *liquidité* natale *des matiéres Vésuviennes*, parce qu'à ne les regarder qu'en passant, fant, on ne découvriroit pas aisément le vrai de la chose ; aussi voyons-nous que plusieurs Ecrivains distingués sont tombés dans l'erreur sur cet article, ou que du moins ils ont usé d'expressions trompeuses ; car l'un nomme les matériaux *des Lavanges un amas de poussiere* ; tel dit que c'est *de la cendre*, & tel *du gravier*, comme on peut le recueillir des paroles de Cassiodore (*a*), du Carafe (*b*), du Borelli (*c*), &

(*a*) Loc. cit.
(*b*) Dans son Traité *de Conflagratione Vesuvianâ*, le Carafe ayant parlé *des Lavanges* sous le Titre de *Cendre embrasée*, IGNITUS CINIS, dit précisément : *Nunc adeò obduruit cinis ille, ut in lapidem diriguisse videatur*. Cette expression montre qu'il ne connoissoit pas la nature des Torrents de notre Montagne, au moins à l'égard de leur mollesse.
(*c*) Le Borelli dans toute son Histoire de l'incendie du Mont Etna, ne donne *aux Lavanges* de ce Volcan que le nom de *Grais*. Au surplus, il ne laisse pas d'en faire une Description assez nette & assez convenable

de quelques autres (*a*).

Pour revenir préſentement à notre ſujet, il convient d'examiner l'inégalité de molleſſe qu'on trouve entre les dehors & le dedans *d'une Lavange*. Nous avons déja inſinué qu'ordinairement les dehors ſont durs, & quelquefois même d'une dureté parfaite, pendant que l'intérieur eſt aſſez fluide pour couler encore.

Borelli, dans ſon Traité ſur

___

(*a*) Entre autres Ecrivains, qui n'ont pas bien compris la nature des Torrents embraſés, on peut mettre le P. de la Rue. Voulant éclaircir l'expreſſion de *liquefacta ſaxa*, employée deux fois par Virgile, comme nous avons déja marqué dans une Note précédente; ce Commentateur dit ſur le premier endroit: *Saxa exeſa & igne comminuta, ſeu pumices aridos ac ſpongioſos, quos inde conſtat magnâ interdum copia erumpere*. Sur le ſecond endroit il tient le même langage: *Exeſa in pumices, commutata in cineres, qui torrentium inſtar inde erumpunt, &c*. Rien de plus louche, rien de moins vrai que cette interprétation, le Poëte Latin peint pourtant la choſe avec toute l'exactitude poſſible.

les embrasements de l'Etna, fait mention de cette inégalité de mollesse; & pour en développer la cause, il a recours aux impressions de l'air, qui commençant par frapper les dehors de la matiére fluide, leur dérobe autant de chaleur, qu'il faut que ces mêmes dehors en perdent pour perdre leur premiere *liquidité*. Voilà pourquoi la surface du Torrent s'encroûte bien-tôt après son éruption.

L'idée nous paroît juste. Si néanmoins on trouve quelque chose d'étrange dans cette mutation subite; si l'on croit qu'il n'est pas vraisemblable que l'air puisse congeler des matiéres brûlantes, qui devroient plutôt l'embraser lui-même, nous joindrons au sentiment du Borelli un exemple familier qui dissipera tous les doutes.

C'est l'exemple du verre, qui tout liquéfié, tout rouge de feu, lorsqu'on l'a préparé dans les Fourneaux, se congele, & s'endurcit totalement, pour peu qu'on l'abandonne aux impressions de l'air ; en même-temps on voit qu'il prend un notable degré de fragilité ; rien n'est pourtant plus contraire à la mollesse dont il jouissoit dans son premier état.

Dans cette métamorphose on ne doit pas seulement faire attention à la force de l'air, mais aussi à la constitution & aux propriétés spéciales des corps fondus, sur lesquels l'air vient exercer son activité. Car quoiqu'après leur liquéfaction, la poix, le bitume, & d'autres corps pareils, commencent à se coaguler sous le premier contact de l'air froid, il ne suit nullement de-là qu'ils acquierent une entiére solidité ; au contraire, puisque l'entiére solidité n'est point de leur appanage, on peut assurer qu'ils ne l'auront jamais. Par la raison opposée, le verre & les métaux en fusion reprennent toute leur dureté naturelle, dès que l'action du feu leur donne quelque instant de tréve.

Outre la part, que dans cette congelation l'on attribue justement à ce contact de l'air, une autre cause fait que les dehors *des Lavanges* ignifiées different de leur *moëlle* en degrés de consistance; car tous les corps divers qu'on voit sur le dos d'un Torrent *Vésuvien*, tels que des morceaux de roche, des cailloux, de la terre & du gravier, ne sont point des portions du Torrent même, il y a lieu de juger que ces débris n'ont fait que l'accompagner dans sa course, soit qu'il les ait rencontrés par hazard, soit qu'il les ait entraînés dès son éruption aux dépens de la Montagne, qui s'eſt rompue pour le laiſſer ſortir. Dans l'un & l'autre cas voilà des corps étrangers ; le feu n'a eu ni le temps, ni la force de les fondre: ſon ardeur quoiqu'extrême, n'a pû que les brûler, ou les riſſoler, ou les calciner, ſuivant la diſparité de leur matiére ; & de-là vient en partie le prompt endurciſſement de l'écorce *des Lavanges.*

Pluſieurs égards nous obligent à penſer de la ſorte. Premiérement, ſur les dehors *des Lavanges*, l'on trouve ſouvent des pierres, qui ne ſont pas moins différentes entre elles, que différentes du dedans *des Lavanges mêmes* ; or, il ſemble que cette double diverſité n'auroit point lieu, si ces pierres n'étoient, comme le Borelli l'a jugé, que des fragments de la croûte dure, qui formée sur le Torrent par l'impression de l'air, auroit été mise en piéces par l'irrégularité du mouvement de toute la masse ; car puisqu'après certain intervalle de temps *la moëlle* tombe dans le cas, où l'écorce est tombée plûtôt ; puisqu'enfin l'une & l'autre s'endurcissent également, l'une & l'autre devroient alors, pour justifier l'opinion du Borelli, montrer une homogénéité parfaite.

En second lieu, la meilleure portion des pierres & du gravier qui couvrent l'écorce *d'une Lavange*, ne se rencontre qu'aux endroits les plus éloignés de la source ; & c'est sans difficulté, parce qu'après un plus long chemin *la Lavange* a dû recueillir une plus grande quantité de semblables matiéres.

Enfin, le deſſous du Torrent, la face inférieure, par où le Torrent touche la terre, s'arme auſſi d'une eſpéce de croûte très-poreuſe & très-âpre, que le contact de l'air ne paroît point avoir formée; car entre le ſol & ces matiéres fluides, qui péſent prodigieuſement, il n'eſt aucun eſpace où l'air puiſſe pénétrer pour les refroidir. Ainſi, l'on doit plutôt juger que cette écorce n'eſt faite que de terre, de ſable & de petits cailloux cuits par l'ardeur du feu, & comme incruſtés dans *la peau de la Lavange.*

Au lieu de toutes ces raiſons, que nous propoſons pour appuyer notre ſentiment, on tireroit beaucoup plus de lumiéres d'une inſpection attentive de la choſe même; on connoîtroit que nous n'avons rien avancé qui ne soit véritable, & qu'outre la matiére préparée dans les Fournaises du Vésuve, *nos Lavanges* ramassent en chemin beaucoup de corps étrangers, dont le poids, la consistance & la couleur doivent s'altérer par l'extrême chaleur du Torrent. De-là vient, comme nous l'avons marqué plus haut, le prompt endurcissement de l'écorce; & de-là vient aussi qu'auprès de la bouche du Volcan cette même écorce paroît toujours plus nette, & d'une teinte plus noirâtre qu'ailleurs; la raison en est qu'alors aucun mélange n'en falsifie l'homogénéité naturelle.

Après tout cela il convient d'observer que la fluidité *des matiéres Vésuviennes* est assez foible, & qu'il s'en faut beaucoup qu'elle approche de la fluidité de l'eau, ou d'autres liqueurs pareilles, comme nous le ferons voir en temps & lieu, lorsque nous traiterons du mouvement des Lavanges. Cependant pour donner quelque avant-goût de cette vérité, nous exposerons ici aux réfléxions du Lecteur une chose, dont nos yeux ont été témoins.

A peu de pas de la crevasse nouvelle, d'où déboucha le plus grand Torrent dans notre dernier Incendie, nous observâmes que les matiéres vinrent frapper presque de front une Roche, qui étoit sur leur chemin. Aussi-tôt elles se brisérent, comme auroit fait toute autre liqueur, dont le cours eût été rapide, & une portion *de leurs flots* s'éleva d'environ quatre doigts au-dessus du niveau de la Roche même.

Cette portion au lieu de re-

DU MONT VE'SUVE. 155

tomber, & de se réunir avec le courant, demeura toute consolidée, toute suspendue à la même hauteur de quatre doigts; dans cet état elle représentoit assez bien une de ces végétations, que les Chymistes font avec divers Métaux, qu'on voit ramifier le long des parois d'un Vase.

Deux choses nous sont constatées par-là ; sçavoir, l'extrême tenacité du fluide, & l'extrême célérité de l'air ; car pour peu que l'une ou l'autre eût manqué dans cette occasion, le Phénoméne manquoit infailliblement; or le Phénoméne a réussi, & cependant les matiéres dans un endroit si voisin de leur source devoient être plus molles & plus chaudes que par-tout ailleurs, suivant que nous l'avons déja témoigné plusieurs fois, & que nous le dirons encore en parlant du mouvement *des Lavanges.*

L'autre propriété *des Lavanges* encore fluides, c'est la force de leur chaleur ; en quoi il faut considérer deux choses : Premiérement, l'activité ou l'efficace de la chaleur même ; & en second lieu sa durée, toutes deux vraiment merveilleuses.

Quant à l'efficace des matiéres de nos Torrents embrasés, certainement elle doit être terrible ; car puisque, selon l'expérience commune, & selon l'examen d'excellents Observateurs, l'activité du chaud ne se borne pas aux huit degrés qu'on admettoit dans l'ancienne Ecole, d'où il suivoit qu'entre feu & feu l'on ne doit jamais reconnoître aucune différence ; puisqu'au contraire la chaleur est ordinairement proportionnée à la densité des corps qu'elle envahit, on peut juger par-là jusqu'à quel excès d'ardeur s'allument *les matiéres Véſuviennes.*

Au reſte, cette aptitude, cette diſpoſition de chaque matiére à s'échauffer plus ou moins efficacement, ne provient pas de la ſeule denſité ; car il eſt des corps, qui par une autre qualité ſecrette ſont propres à recevoir & à conſerver la chaleur dans un degré très-haut.

Ainſi, quoiqu'au moyen de la denſité tous les Métaux s'échauffent plus puiſſamment que d'autres corps plus légers & plus rares ; quoique par la même raiſon le bois fort & noueux faſſe un feu plus vif que n'en fait un bois moins compact, nous voyons qu'en vertu de la propriété particuliére qu'on vient d'annoncer, certains minéraux inflammables, comme le soufre & le bitume, prennent beaucoup plus de chaleur que quantité d'autres corps plus pesants ; c'est sans difficulté pour cela que les Gommes, les Résines & l'Huile, qui pesent moins que l'eau, ne laissent pas de s'allumer avec plus d'activité.

Puisque la solidité des corps, puisque cette autre propriété particuliére, sont de vrais foyers ou de vraies sources d'inflammation, chacun s'imaginera facilement jusqu'à quel excès doit aller le chaud *des Lavanges Vésuviennes* ; car sans rechercher si leurs matiéres portent quelque alliage de Métaux ; sans examiner quelles doses la nature pourroit avoir observées dans une mixtion pareille, il suffira de considérer d'abord la densité ou le poids spécifique de ces mêmes matiéres pour juger de leur *accensibilité* prodigieuſe.

Qu'enſuite l'on faſſe attention au mélange de ſoufre, de bitume & de ſels, & l'on reconnoîtra que la chaleur de nos Torrents va de niveau avec la plus grande chaleur, dont nous puiſſions avoir des preuves ſur la Terre. Cela ſoit dit pour donner une idée générale de la vérité. Maintenant nous allons rapporter les Obſervations & les Expériences qui ont été faites, pour meſurer, autant qu'on le pouvoit, cette ardeur exceſſive.

Le cinq Juin, c'eſt-à-dire, quinze jours après le jailliſſement des matiéres, quelques-uns de nos Académiciens allérent à la *Tour du Grec*.

La matinée ne venoit que de commencer, l'air paroiſſoit encore un peu ſombre. On s'approcha *de la Lavange*, en examinant avec soin tout ce qu'elle offroit aux yeux. Un objet digne d'attention attira bien-tôt tous les regards.

Non loin du Couvent des Carmes, nous découvrîmes sur le Torrent un enfoncement d'environ deux palmes de profondeur. C'étoit l'intervalle de quelques cailloux mal assemblés ; au fond de ce creux l'on voyoit une Fournaise qui brûloit avec tant d'éclat, que les pierres y ressembloient au feu le plus rouge.

Nous fîmes tant, que nous tirâmes de là quelques pierres ignifiées, nous les frappâmes à grands coups de marteau pour voir jusqu'où pouvoit aller leur solidité dans cet état d'inflammation. Au lieu de plier sous le coup, elles se brisérent en mille & mille morceaux étincelants, preuve de leur

leur endurcissement aussi prompt qu'extrême.

On tâcha de faire ensuite par diverses comparaisons l'essai de la force du feu qui restoit alors dans le Torrent. Pour cet effet, ayant posé sur les pierres rouges un morceau de plomb de figure conique, pesant deux onces, nous observâmes qu'après deux minutes & demie de temps il commençoit à s'amollir ; l'autre minute d'après, il étoit totalement fondu, de sorte que s'écoulant en bas, il alla se perdre dans les interstices des cailloux.

Un autre morceau de plomb parfaitement semblable, tant pour la figure que pour le poids, fut mis sur une péle toute rouge, & cette péle jusqu'à la fin de l'expérience demeura sur des charbons bien allumés. Nous remarquâmes que six minutes &

demie passerent sans que le plomb eût donné aucun signe de liquéfaction, & il ne fondit entierement que la minute d'après, encore ne fut-ce qu'avec peine.

Ayant fait refroidir cette masse de plomb, & lui laissant la figure écrasée qu'elle venoit de prendre, nous la jettâmes sur nos pierres rouges, & nous la vîmes toute liquéfiée en une minute & demie. Il y a sujet de croire que la célérité de l'opération provint & de quelque mollesse intérieure qui restoit dans le plomb depuis la fusion antécédente, & beaucoup plus encore de la figure platte qui livroit chaque parcelle du même plomb aux premiéres impressions du feu.

De plus, nous posâmes sur cette Fournaise, que le Torrent nous offroit, un vaisseau de cuivre avec une certaine quantité d'eau froide. On observa qu'à la troisiéme minute, l'eau commençoit à frémir sourdement, & qu'elle boüilloit très-fort dès la quatriéme.

Quelque temps après on mit le même vase avec une égale quantité d'eau sur des charbons rouges, qui par leur disposition & par leur ardeur sembloient imiter la Fournaise. L'eau frémit au bout de quatre minutes; au bout de cinq elle boüillonnoit violemment.

Il paroît suivre de ces expériences diverses que la chaleur du Torrent, telle que nos Académiciens l'employerent pour lors, surmontoit d'un dégré notable & l'ardeur des charbons les mieux embrasés, & l'ardeur du fer rouge. Or, tout le monde sçait que le charbon & le fer font un feu, qu'on doit ranger dans la classe des feux les plus puissants, dont nous ayons coutume de nous servir.

Cet excès d'activité, qui fait que les feux *des Torrents Vésuviens* surmontent tout autre feu, paroîtra bien plus grand encore, si l'on considere que nos expériences ont été tardives ; car enfin nous n'avons point travaillé sur le feu le plus violent, que *les Lavanges* puissent nous fournir, tel qu'on doit croire qu'est celui qui régne dans leur sein, lorsqu'en sortant du gouffre elles nous font craindre leur dangereuse fluidité. Les pierres que nous employâmes étoient déja consolidées si parfaitement, qu'elles se pulvérisoient au lieu de plier sous le marteau. On doit inférer de-là, qu'il s'en falloit beaucoup qu'elles eussent conservé cette chaleur, qui dès leur naissance les rendoit molles & liquides.

Quand même dans les expériences rapportées *le Feu Véſuvien* n'auroit fait qu'égaler le feu ordinaire, il s'enſuivroit encore que l'activité du premier l'emporteroit ſur l'activité du ſecond, autant qu'il y a loin de la fluide molleſſe juſqu'à la dureté friable *d'une Lavange*. Car en concevant d'abord que nos matiéres liquéfiées ne ſe pétrifient qu'en ſouffrant divers degrés de refroidiſſement, voyant d'un autre côté, ſuivant l'hypotheſe, qu'après leur pétrification complette elles ne laiſſeroient pas d'égaler l'ardeur des plus violents feux que nous ſçachions allumer, on ſeroit forcé d'avouer qu'elles devoient être ſouverainement plus chaudes, lorſque leur vigueur ignée les faiſoit couler ſur le dos de la Montagne.

Aſſûrément cette maniere d'argumenter donne quelque notion de la chaleur merveilleuſe que les Lavanges apportent de leur ſource. Néanmoins nous ne voulons pas diſſimuler que notre raiſonnement admis ſans exception pourroit tromper les Lecteurs, parce qu'il ſemble ranger ſous un même niveau tous les corps divers auſquels le feu s'attache.

Comme il y a telles matiéres qui ſe liquéfieroient au gré de la plus foible chaleur, il en eſt d'autres qui retiendroient toute leur dureté dans le ſein des Fournaiſes les plus ardentes : ainſi l'on ne ſçauroit ſtatuer rien d'invariable touchant cet article, ſans ſuppoſer pour vrai que la liquéfaction cauſée par le feu ſoit toujours & dans tous les corps proportionnée aux degrés d'activité du feu même, ce qui eſt abſolument faux.

Nous reconnoissons donc qu'on ne doit employer notre argument qu'au cas où l'on feroit l'expérience sur la matiére embrasée, que le Torrent nous cache vers le fond de son épaisseur : la raison en est qu'au fond du Torrent cette matiére paroît uniforme, soit dans la solidité des differents morceaux, soit dans l'assortiment des autres propriétés naturelles; au moins pouvons-nous assurer qu'elle l'est bien plus que ne le font les portions externes qui la couvrent. Car les portions externes, comme nous l'avons déja dit plusieurs fois, n'offrent qu'un cahos de pierres & de cailloutage, dont l'hétérogénéité frapperoit les yeux les moins clairvoyants.

Toutes les raisons qu'on vient d'exposer pour démontrer la souveraine activité du feu de nos Torrents, démontrent pareillement que le chaud, qui s'attache *aux matieres Véſuvienes*, eſt très-durable ; car il y a trois choſes, qui la plûpart du temps ont coutume de marcher d'un pas égal ; ſçavoir, beaucoup de lenteur à s'échauffer, beaucoup d'efficace dans la chaleur une fois priſe, beaucoup de difficulté à la perdre.

Cela ſuppoſé, nous avions raiſon de dire tantôt que la ſolidité des matiéres liquéfiées au fond des gouffres du Volcan, jointe avec la propriété des minéraux ſalins, bitumineux & inflammables, devoit exciter dans nos Torrents une chaleur non moins opiniâtre, que puiſſante & *fougueuſe*.

L'expérience s'accorde ponctuellement avec cette théorie : témoin la Fournaiſe d'auprès des Carmes. Elle brilloit dans le Torrent à deux palmes de profondeur,

deur, & assez loin de la source; il s'étoit pourtant écoulé quinze jours depuis l'éruption des matiéres, ainsi que nous l'avons déja observé.

Témoin encore ce qui arriva plus d'un mois après. On vouloit, par ordre du Roi, dégager le grand chemin, que le Torrent avoit chargé d'une masse embarrassante; mais les Journaliers furent bien-tôt contraints d'abandonner l'entreprise, parce qu'ils trouvoient la moëlle du même Torrent si embrasée, qu'elle amollissoit les instruments de fer dont ils avoient besoin pour cette espece de travail.

Témoins encore les nuages de fumée chaude, que le Torrent lançoit sans discontinuer, même quatre mois après *l'accension*. Et d'entre ces nuages de fumée, il y en avoit quelques-uns de très-considérables, tant par la rapidité que par la densité des vapeurs, qu'on voyoit souvent s'élever jusqu'à la hauteur de quinze & vingt palmes dans l'air.

N'oublions pourtant pas d'observer que ces évaporations, comme aussi le chaud qui les accompagnoit sans cesse, étoient plus notables vers la fin du Torrent que vers sa source. Le Phénomène paroît assez bisarre ; on ne sçauroit guéres l'expliquer que par un endroit, qui est que vers sa fin le Torrent étoit plus haut, plus enflé qu'auprès des gouffres, d'où il tiroit son origine ; car les matiéres avoient plusieurs dixaines de pas d'épaisseur dans le Vallon, qui du grand chemin s'étend jusqu'au rivage. Or il est certain qu'autant que la masse embrasée s'accroît, autant devient-elle propre à conserver sa chaleur interne.

Mais comme on pourroit douter qu'un monceau de matiéres, quelque grand, quelque capable qu'il soit de conserver sa chaleur, la conserve en effet si long-tems par soi-même, & sans l'intervention d'aucun secours étranger, nous avouons qu'il paroît fort plausible que la foule des minéraux ignés fasse naître coup sur coup dans nos Torrents *Vésuviens* un nouveau bouillonnement, une effervescence nouvelle.

Et de-là provient sans doute cette continuation d'ardeur interne; de-là ces fumées chaudes, ces vapeurs épaisses qui sortent de quelques trous du Torrent aux yeux de tout le monde. Que la chose aille ainsi, nous en trouvons une bonne preuve dans les endroits d'où transpirent les mêmes fumées, puisque l'on y voit constamment les pierres encroûtées de soufres & de sels de diverse nature, comme nous le détaillerons dans la suite plus à propos.

Or que dans ces soûpiraux des Lavanges il y eût de la chaleur, les fumées qui en sortoient ne permettent pas de le révoquer en doute; d'ailleurs nous en sommes assurés par une expérience des plus claires & des plus décisives. Plus d'un mois après la fin de l'embrasement on introduisoit une baguette dans l'un de ces mêmes soûpiraux, & au bout de quelques instants on la retiroit ou brûlante encore, ou déja brûlée comme un tison éteint.

Une chose qui donne du poids aux réfléxions que nous faisons sur la durée de cette chaleur, c'est la fumée sensible qu'on voyoit s'élever du Torrent toutes les fois qu'il pleuvoit. Quelque temps après l'Incendie elle fut plus épaisse qu'on ne sçauroit le croire, ainsi que nous l'avons rapporté dans le Journal. Ensuite on observa qu'elle formoit des nuages plus légers, à mesure que le feu secret s'amortissoit dans les pierres. Enfin le 20. d'Octobre l'on remarqua de dedans la Ville avec beaucoup d'étonnement, qu'à l'occasion des grandes pluies qui étoient tombées depuis le premier jour du même mois, le Torrent fumoit encore dans certains cantons où son sein avoit sans doute conservé les plus notables portions d'ardeur interne, & cette fumée étoit comme une nuée blanche qui rasoit la terre.

Nous sçavons que le Borelli pense autrement sur la fumée des Torrents de l'Etna, & sa pensée est très-ingénieuse. Il croit que ces Torrents, quoiqu'en apparence éteints, fument ainsi lorsqu'il pleut, parce que diverses portions de leur masse ont acquis la nature de chaux artificielle. Or tout le monde sçait que la chaux bouillonne & jette des vapeurs brûlantes dès qu'on la détrempe avec de l'eau, quoiqu'avant leur mélange ni l'eau ni la chaux même n'aient actuellement aucune chaleur.

L'opinion de cet Auteur paroît d'autant plus raisonnable, qu'il ne faut pour faire de la chaux que des pierres vives & un feu très-puissant ; deux choses qui ne manquent jamais de se trouver dans les Montagnes sujettes *aux accensions*.

Néanmoins, quoique l'idée du Borelli nous paroisse assez satisfaisante, nous jugeons que sans prêter *aux Lavanges* une matiere calcinée, on peut entendre fort bien comment la seule chaleur cachée dans les recoins de nos Torrents, les fait fumer avec l'intervention de la pluie. Car l'eau versée ou sur la braise, ou sur d'autres corps brûlants, se résout subitement en vapeurs, & jette autant de fumée qu'en pourroit jetter de la chaux qu'on arroseroit. Toute humeur subtile & prompte à s'évaporer aura le même sort.

Qu'il reste dans *nos Lavanges*, long-temps après l'éruption, assez de chaleur pour les faire fumer, lorsqu'elles sont arrosées par la pluie, une chose le prouve clairement, c'est qu'après le même intervalle elles fument aussi quelquefois sans qu'il pleuve.

Voilà donc une raison moins recherchée sans doute, mais non pas moins propre que l'idée du Borelli à nous déveloper les causes de la fumée accidentelle qu'on voit quelquefois s'élever après la pluie au-dessus *des Lavanges*. Cette raison suppose & confirme en même-temps l'étonnante durée de la chaleur dans *les Masses Vésuviennes*; & c'est précisément le point que nous voulions établir.

Cependant la qualité d'Historiens sinceres & fideles ne nous permet pas de dissimuler quelques observations incontestables, qui semblent prouver que la chaleur de nos Torrents est très-médiocre : chose diamétralement contraire au point que nous nous vantions tout à l'heure d'avoir établi.

A notre grand étonnement, au grand étonnement de toutes les personnes qui dans cette derniere éruption ont suivi d'un œil curieux & le Torrent principal, & ses Phénoménes, on a trouvé dans plusieurs endroits sur son chemin différents vestiges de la foiblesse de sa chaleur. Il y avoit le long de ce Torrent non-seulement des arbres, mais encore des herbes tendres & menues, dont les feuilles n'ont pas laissé de conserver leur fraicheur printanniere, quoique la masse qui devoit les brûler n'en fût éloignée que d'une palme. Ailleurs on rencontroit des touffes de gazon dont la verdure n'avoit pareillement souffert aucune atteinte, quoiqu'il y eût tout autour un rang de pierres qui étoient tombées de dessus *la Lavange* au milieu de sa course, c'est-à-dire, dans un temps où ces mêmes pierres auroient dû être pénetrées d'un feu très-violent.

Peut-être la multitude n'a-t-elle pas donné beaucoup d'attention aux deux faits qu'on vient de rapporter ; mais une autre chose jetta universellement tous les spectateurs dans la plus profonde surprise. On voyoit qu'au Couvent des Carmes la croûte supérieure du Torrent étoit parvenue jusqu'à toucher, & presque jusqu'à heurter le vitrage d'une fenêtre pratiquée pour éclairer l'escalier qui menoit au Dortoir, & que néanmoins cette même croûte n'avoit nullement endommagé les vitres.

Autre singularité plus frappante encore. Ces feuilles de plomb cannellé qu'on met aux fenêtres pour faire la jonction des lozanges de vitre, n'avoient été offensées ni par la proximité, ni par le contact du Torrent, qui coula le long du Monastere.

Subtiles & déliées, comme elles le sont ordinairement, ces feuilles de plomb ne laisserent pas de braver la chaleur; on les voit encore aujourd'hui saines &

sauves, fermes & droites, tout autant qu'elles pourroient l'avoir été avant l'éruption; néanmoins le Torrent qui les toucha s'étant jetté par des portes & par d'autres fenêtres dans le Réfectoire & dans la Sacristie, lieux situés au-dessous du vitrage dont on vient de parler, consuma & mit en cendres tous les meubles de bois.

Encore faut-il remarquer que le Torrent ne frappa point ces meubles; il n'en approcha qu'à quelque distance : leur destruction fut l'ouvrage de la chaleur qu'il exhaloit.

Dans le Réfectoire cette chaleur fut si terrible, qu'elle alla jusqu'à dissoudre des gobelets de verre qui étoient sur les tables; elle n'en faisoit que des masses informes qui ont passé long-temps de main en main au gré de la curiosité des uns & des autres.

Pour ce qui concerne les Arbres plantés sur les bords du chemin que parcouroit le Torrent, s'il en est quelques-uns dont la verdure n'ait rien souffert dans une proximité parfaite, il s'en est trouvé quantité d'autres dont les feuilles ont été toutes rissolées, toutes grillées, quoiqu'à la distance de quinze, de vingt, & même de trente palmes.

En comparant tant de choses diverses, on doit juger que si la chaleur *des Lavanges* paroît moins efficace dans quelques endroits que dans d'autres, cela ne provient assurément d'aucune propriété spéciale qui rende tels & tels corps capables de lui résister. C'est dans le Torrent même qu'il faut chercher la source des inégalités merveilleuses que l'action de son feu nous fait voir.

Difons donc que ces inégalités proviennent plutôt d'une rencontre fortuite de telle ou telle matiére dans telle ou telle portion du Torrent. Souvent il s'y trouvera une matiére qui, foit par fa conftitution, foit par le défaut d'un fuffifant concours de l'air voifin, foit par quelqu'autre obftacle fecret, n'aura jamais pû acquerir, ou bien aura perdu trop promptement le dégré d'ardeur qu'il falloit avoir pour brûler des gazons & des feuilles d'arbre, pour fondre le verre & le plomb, enfin pour faire tout le mal que *les Lavanges* font ordinairement avec tant d'activité ; mais nous en avons affez dit fur cet article.

Il eft temps déformais de faire quelques obfervations fur le mouvement *des Matiéres Véfuviennes.* On peut le confidérer fous deux afpects, fuivant lefquels nous parlerons d'abord d'un certain mouvement intérieur ou d'effervescence, puis d'un autre plus manifeste que nous appellerons progressif.

Quant au premier, dès qu'on se persuadera bien que la maniére dont le feu des Volcans s'allume, nous est représentée par les préparations chymiques de l'or fulminant, ou par la chaude ébullition qu'on voit s'élever dans l'huile de Tartre mêlée avec l'Esprit de Vitriol, ou dans d'autres mixtions de semblable espece, l'on entendra facilement qu'il faut de toute nécessité dans la matiére une prodigieuse commotion intestine, soit pour former des *accensions* naturelles, soit pour en exciter au gré de l'art & de la curiosité.

Point d'accension sans cette commotion intestine qui est le feu même, suivant l'idée de quelques-uns, ou qui du moins secoue, développe & fait briller en dehors le feu caché dans la matiére.

Sans doute cette considération suffiroit pour montrer que les matiéres *des Lavanges* ne sçauroient s'allumer, beaucoup moins se fondre, beaucoup moins encore demeurer fluides quelque temps, si dans le point *d'accension*, comme dans l'état de fluidité, les mêmes matiéres n'étoient agitées d'un mouvement intestin, d'un mouvement d'effervescence, tel que nous l'annoncions tantôt en peignant l'excessive durée de leur chaleur.

Mais outre cette raison physique, l'inspection des matiéres, pendant qu'elles bouillent encore, ou bien lorsqu'elles sont froides & dures, démontreroit assurément que nous n'avançons rien qui ne soit véritable. Car pour ne parler que de leur second état, on voit que ces matières endurcies montrent sur leur croûte une *spongiosité*, une espéce de tissure si rare, qu'on ne sçauroit comprendre qu'elle ait été formée de la sorte, sans supposer que dans l'acte, où toute la masse couloit, une cause interne agitoit les parties, & les gonfloit en petites ampoules.

Une chose, qui nous paroît encore l'effet du bouillonnement des matiéres, effet plus sensible dans la croûte que dans l'intérieur, c'est la prodigieuse aspérité, qu'on voit sur le dos *des Lavanges*, indépendamment des cailloux & des roches, dont elles ne restent chargées que par hazard.

Cette aspérité naturelle est si grande qu'on ne sçauroit rien voir

voir de plus varié, rien de plus bizarre, que la surface des Torrents *Véſuviens*; ici les matiéres s'abaiſſent, plus loin elles s'élevent, par-tout elles vont ſans loi, ſans ordre & ſans meſure. Dans quelques Cantons pourtant cette même aſpérité paroiſſant plus réguliére, paroît un peu moins déſagréable; c'eſt préciſément dans les endroits où le Torrent n'a pas eu le temps d'entraîner quantité de pierres de rencontre, & où ſa maſſe n'a coulé qu'avec beaucoup de lenteur, faute d'une pente rapide.

Là, on trouve le dos du Torrent profondément ſillonné dans ſa largeur, les ſillons ſont preſque droits & paralleles, leur entre-deux offre une ſuperficie tant ſoit peu relevée, moyennant quoi toute la portion prend aſſez bien l'aſpect d'un Champ, où l'on

Q

voit les traces de la charrue.

Pareille disposition dans l'écorce de nos Torrents semble nous prouver deux choses à la fois : d'abord cet encroûtement ou cette consolidation, que l'air d'alentour produit sur l'extérieur *des Lavanges*, lors même que leur masse intérieure est encore molle : puis cette commotion intestine, qui fait qu'entre deux sillons la croûte se gonfle jusqu'au point d'excéder un peu son niveau naturel.

De la même disposition nous inférons encore que la matiére *des Lavanges* doit être mise au rang des matiéres, qui en s'endurcissant se resserent en un moindre volume : effet jusqu'à présent mal constaté, tant à l'égard du feu & de l'eau, qu'à l'égard de l'Antimoine & du Bismuth.

Notre idée touchant le rappetissement *des matiéres Véſuviennes*, s'appuie ſur une conjecture aſſez probable. Nous penſons qu'en même-temps que le dedans coule au gré de ſa molleſſe, le dehors en s'endurciſſant ſous l'impreſſion de l'air, ſe reſtraint en un moindre volume ; alors ne pouvant plus s'adapter ſur *la moëlle* fluide, l'écorce vient néceſſairement à s'entrouvrir. Or il paroît qu'en s'entrouvrant elle doit former des ſillons à direction tranſverſale, tels qu'en effet nos Torrents nous les offrent.

Les ſillons, diſons-nous, doivent être tranſverſaux, la raiſon en eſt claire : c'eſt qu'alors la croûte endure une eſpéce d'allongement forcé, car elle n'a pas encore eu le temps de prendre une ſolidité complette ; elle n'eſt pas non plus en état d'accompagner le dedans du Torrent, puisqu'elle a perdu la fluidité nécessaire pour cet effet. D'un autre côté néanmoins le dedans du Torrent la tiraille avec vigueur ; en pareille situation il faut bien qu'elle s'entrouvre d'une façon à se débarrasser des flots internes ; & comme les flots internes lui font violence en long, son seul recours est d'éclater en large. Voilà de quelle manière nous croyons qu'on doit expliquer l'étrange sillonnement dont *nos Lavanges* sont marquées dans différents endroits.

Au reste, si les indices de bouillonnement sont très-frappants dans la surface des Torrents *Vésuviens*, les preuves n'en paroissent guéres moins fortes dans le sein des mêmes Torrents, quoique la matiére y soit plus compacte ; car parmi les pierres que *nos anciennes Lavanges* nous fourniſſent pour paver les rues de Naples, on en trouve quelques-unes où l'on voit des ampoules, tantôt plus ou moins groſſes, tantôt plus ou moins clair-ſemées.

Ces ampoules démontrent fort bien, non-ſeulement que la matiére qui les cache, fut autrefois liquide, mais encore que la même matiére bouillonnoit dans ſon état de fuſion, & qu'en bouillonnant elle s'endurcit peu à peu, juſqu'au point de garder pour jamais *dans ſon cœur* les marques de ſon efferveſcence.

L'obſervation qu'on vient d'expoſer n'a été faite, comme nous l'avons dit, que ſur les pavés tirés *des anciennes Lavanges* : nous ignorons juſqu'à quel point on la trouveroit véritable dans l'examen des pierres du Torrent nouveau. En cela les opérations de la nature sont presque toujours diversifiées, suivant la diversité des matiéres, ou suivant d'autres accidents, qui font que l'air pénétre, tantôt plus, tantôt moins dans la masse fluide. Effectivement l'on ne voit pas, même dans nos anciens Torrents, qu'il y ait par-tout des ampoules, partout des pierres poreuses, dont *la pâte*, si l'on peut employer semblable expression, *ait fermenté avec du Levain*.

Maintenant nous parlerons du second mouvement des Torrents embrasés, mouvement progressif, par lequel s'éloignant de leur gouffre natal, ils fournissent dans nos Champs une carriére tantôt plus courte, tantôt plus longue, faisant quelquefois moins d'une lieue, & quelquefois d'avantage. Ce mouvement est manifeste :

les yeux d'un Philosophe ne sont pas nécessaires pour en juger, chacun l'apperçoit sans peine au fort de l'Incendie.

Alors on voit s'avancer un Torrent de pierres toutes embrasées, toutes fumantes, prenant leur direction suivant l'assiette des lieux. Sur quoi nous devons observer qu'un pareil mouvement dépend de deux choses, qui sont la fluidité des matiéres, & *la déclivité* du Terrain ; or, comme ces deux choses varient très-souvent, il en résulte que le cours des Lavanges n'est presque jamais uniforme.

Plus le Torrent est voisin de sa source, plus les matiéres sont fluides, soit parce qu'alors elles brûlent d'un feu, qui n'a guéres eu le temps de diminuer : soit, parce qu'elles n'ont point encore amassé tant de terre & de cailloux, ni tant d'autres fardeaux hétérogenes, dont le mélange impur les retarderoit considérablement.

Que le feu soit fort ou foible, que la masse embrasée soit plus ou moins impure, elle n'est pourtant jamais fluide jusqu'au point d'avancer même de quelques pas, si elle n'est sans cesse poussée en avant par le choc d'une nouvelle matiére fondue qui la *talonne* (a). De-là vient que diverses *Lavanges*, qu'on vit déboucher du bassin supérieur dans cette derniere *accension*, s'arrêterent tout d'un coup sur les flancs escarpés du sommet, demeurant

---

(a) Les paroles du Borelli, dans son Histoire de l'Incendie du Mont Etna en 1614. méritent d'être remarquées ; car elles peuvent confirmer la vérité que nous établissons. *Refert carrer flumen ignitum decennali cursu duo milliaria tantummodò confecisse, licèt assiduè promoveretur.* Cap. 5. pag. 32.

comme pendues aux *lévres* du goufre qui venoit de les vomir. C'eſt ſans difficulté, parce qu'un vomiſſement réiteré ne les força point de paſſer outre.

Non-ſeulement la fluidité des Torrents *Véſuviens* eſt aſſez petite, mais de plus ils la perdent au premier contact de l'air, ou peu s'en faut. Et s'ils ne la perdent pas en même-temps, & au même point dans leurs différentes portions; tant internes qu'externes; néanmoins pour que le dedans, quoiqu'encore mou, ſe rallentiſſe, & ceſſe enfin de couler, il ſuffit que les dehors ſoient durs; car l'action du dedans ne ſçauroit forcer la réſiſtance des dehors, puiſqu'une croûte déja conſolidée preſſe *la moëlle*, & l'empriſonne de toutes parts.

Si en traverſant nos Vallées, *les Lavanges* n'obſervent pas avec

R

exactitude toutes les loix du cours des liquides, on comprendra sans peine qu'il n'en faut chercher la cause que dans leur fluidité médiocre, & dans leur prompt encroûtement. Sur leur passage l'on trouve souvent des endroits, où la pente du terrein devoit les faire plier de côté, & cependant l'on voit qu'elles ont plutôt cédé à l'impulsion *des flots*, qui les pressoient par derriere. Elles ont obéi, disons-nous, à cette impulsion, quoique pour lui obéir il fallût s'élever au-dessus du niveau naturel, & surmonter quelque éminence; ensuite les voilà qui s'abaissent; rien de plus bizarre que leur cours : ce ne sont que plans divers, que divers étages hauts & bas, presque paralleles à l'inégalité du sol qu'elles rencontrent.

Ajoutons néanmoins, qu'une seconde cause peut contribuer au bizarre effet que nous venons d'observer; car s'il arrive quelquefois *qu'une Lavange* continue sa route en avant, malgré l'opposition du terrein, & qu'elle refuse de ruisseler sur les côtés au gré de la pente favorable, que le même terrein lui offre, ne pourroit-on pas croire que cela provient de ce que vers les flancs du Torrent la croûte s'endurcit plutôt, & avec plus de solidité que vers le front, d'autant qu'en tirant vers le front l'activité du feu doit être réputée plus efficace que dans les autres endroits ?

Outre le temps considérable que *les Lavanges* mettent à faire peu de chemin dans un terrein plat, nous avons d'autres preuves très-claires de la lenteur de leur cours : sçavoir, en premier lieu, le temps excessif qu'employa notre Torrent principal pour surmonter les murs du Pont, qu'il rencontra dans la grande route de la *Tour du Grec*. En second lieu, quel doute peut nous rester, lorsque nous voyons que les murailles de la Chapelle du Purgatoire, située dans le même district, ne s'ébranlerent & ne s'entrouvrirent qu'à peine, quoique le Torrent les eût heurtées presque de front ? Elles sont encore sur pied, sans qu'on les ait réparées jusqu'à présent. Leur foiblesse donne pourtant sujet de croire qu'elles n'auroient pas soutenu si bien le choc d'un Torrent d'eau, pour peu qu'il fût venu les frapper avec une célérité convenable.

De tout cela, & des différents traits de lumiére que nous avons jettés précédemment sur le même sujet, on doit inférer que le cours des Torrents *Véfuviens* n'eſt jamais ſi rapide, qu'il ne laiſſe aux hommes & aux animaux les plus pareſſeux le temps d'échaper. Par conſéquent, lorſqu'on lit que nous avons perdu tant de monde, & tant de bétail dans le funeſte embraſement de 1631. il faut juger qu'un ſi grand malheur arriva & par les pierres rouges, & par les cendres embraſées, qui pleuvoient autour de la Montagne, & par des Torrents d'eau, leſquels, ſoit que l'eau fût bouillante, ou non, pûrent fort bien ſurprendre les Habitants & les troupeaux trop lents dans leur fuite, & d'une ou d'autre façon leur donner la mort.

CHAPITRE IV.

Des Matériaux, *dont* les Lavanges Véſuviennes *ſont compoſées.*

Quoiqu'en général l'activité du feu ſoit ſi grande, qu'à quelque corps qu'il s'attache, on voie qu'il en fait diſparoître les propriétés pour demeurer lui ſeul maître de tout, & pour s'attirer la conſidération des Spectateurs : cependant lorſqu'il s'éteint, la matiére qui reſte offre un ample ſujet d'obſervations. Par cette matiére un Phyſicien peut comprendre de quelle nature étoit le corps avant que d'être livré aux flammes, & quel il eſt devenu après que les flammes ont exercé leur pouvoir ſur lui.

Ainsi, quoiqu'on ait coutume de dire que notre Vésuve vomit du feu vif, & que ses Torrents sont des Torrents de feu, néanmoins, quand ce feu vient à manquer, la nature des corps qui étoient presque identifiés avec lui-même, reste soumise aux observations des curieux. C'est pourquoi l'examen des matériaux *de nos Lavanges*, soit à l'égard de leur sein qui est leur partie la plus compacte, soit à l'égard de leur croûte, qui est plus spongieuse, fera le sujet du présent Chapitre. Nous traiterons dans la suite plus à propos des pierres & des cendres jettées en l'air par notre Montagne.

Pour procéder dans cet examen avec toute la régularité qui sera possible, nous observerons d'abord, que si le feu du Vésuve monte jusqu'au souverain degré de violence, comme nous l'avons prouvé, l'on doit inférer que les corps dont il se nourrit, sont de nature à le conserver & à l'animer prodigieusement.

Tels sont en général les métaux & les sels, telles sont aussi les matières grasses & bitumineuses ; les cailloux même font un feu assez véhément, lorsqu'ils s'embrasent jusqu'au point de rougir. A tous ces différents corps nous pouvons joindre le verre, qui, soit par la qualité de son sel, soit bien plutôt par sa tissure compacte, prend une chaleur excessive quand on le met en fusion.

On peut donc statuer, que les Torrents *Vésuviens* sont composés ou de métaux, ou de minéraux inflammables, ou de pierres vives, ou de corps sujets à la vitrification, ou bien enfin de plusieurs choses pareilles, & peut-être de toutes mélangées les unes avec les autres.

Mais que cette matiére soit purement métallique, nous croyons qu'il n'en est rien ; & nous le croyons, parce que les métaux sont des corps malléables, qui ont la propriété de s'étendre sous de fortes *percussions*, avant que de se mettre en piéces. Nos Torrents sont bien éloignés d'être dans la même disposition ; frappez-en tel morceau qu'il vous plaira, vous le verrez éclater, s'en aller en poudre, plutôt que de céder d'une ligne aux coups les plus violents.

Nous avouons que *le Boecone* dans sa Lettre à l'Abbé Bourdelot sur l'embrasement de l'Etna, & l'Abbé Bourdelot (a), dans sa

_____
(a) *Recherches & observations naturelles.* Let. 7. *&* 8.

réponse au *Boccone*, nomment toujours métalliques les matiéres *des Lavanges* du Volcan Sicilien; mais leur sentiment n'en doit point imposer ; l'un & l'autre sont tombés dans l'erreur : le premier, faute d'attention ; & le second, faute d'avoir examiné les choses par lui-même.

Si nos Torrents ne sont pas purement une composition de divers métaux, beaucoup moins encore pourra-t-on ne les regarder que comme une masse de sel, de soufre, de bitume, & d'autres minéraux *accensibles*; car ni cette prodigieuse dureté, ni ce poids exorbitant qu'on trouve dans *les matiéres Vésuviennes*, ne sçauroient s'accorder avec l'essence de pareils minéraux.

Enfin, si nos Torrents n'étoient que de roches, ou de matieres vitrifiées, y verroit-on des pailles de différents métaux ? y trouveroit-on du talc & des sels de toute espece avec quantité de soufre ? Cette quantité de soufre paroît vraiment considérable ; aussi est-ce la principale cause qui fait qu'encore à présent quelques soûpiraux des dernieres *Lavanges* donnent des exhalaisons chaudes & vaporeuses, lesquelles s'attachent aux pierres voisines, & leur prêtent une croûte où l'on peut distinguer les minéraux inflammables dont nous parlons.

Disons donc que toutes ces choses entrent dans la composition *des Lavanges Vésuviennes*. Il y a des métaux, des *semimétaux*, des minéraux, des pierres, & autres matiéres vitrifiées par l'activité d'un feu très-puissant. Sans doute que les doses de tant d'ingrédiens divers ne sont pas égales; tantôt la Nature met plus de celui-ci que de celui-là, tantôt plus de celui-là que de celui-ci; par conféquent la diftribution des uns & des autres le long du Torrent ne fçauroit être que fort bizarre.

Cela fuppofé, on peut rendre raifon des différents afpects & des différentes qualités qu'on découvre dans la maffe de nos Torrents. Commençons par les métaux les plus précieux; le vulgaire croit qu'il y en a quelques portions (a), & il défigne pour telles, certaines *miettes* couleur d'or, & peut-être couleur d'argent; *miettes* luifantes & polies, que l'on trouve enchaffées dans le fein des Torrents mêmes, fur-tout dans leur matiére

―――――――――――――――――――

(a) Non-feulement le vulgaire penfe de la forte, notre fçavant *Thomas Cornelio* eft auffi de cette opinion, comme on peut le voir dans l'endroit que nous avons déja cité plufieurs fois.

la plus compacte & la plus *pon-dereuse*.

Pour confirmer cette idée, on dit qu'on a liquéfié quelques morceaux *de nos Lavanges*, & qu'après la liquéfaction, toutes *les miettes* brillantes s'étant rassemblées, faisoient une masse d'or, ou qui du moins paroissoit être d'or.

Peut-être c'étoit de l'or, peut-être aussi n'étoit-ce qu'un autre métal ou simple ou composé, peut-être enfin n'étoit-ce pas même du métal, mais des particules de pierre qui offroient aux yeux une couleur séduisante. Nous ne voulons rien décider ni pour ni contre, parce que jusqu'à présent nos opérations nous laissent dans l'incertitude. Au reste, il est fort possible qu'un jour, en travaillant sur pareille matiére, l'expérience découvre la vérité.

Une chose bien sûre, c'est que Strabon, en parlant de l'Isle *d'Ischia*, fait mention des veines d'or qu'elle cachoit dans son sein, & dont le revenu, sans compter les richesses des moissons, procuroit une vie des plus douces aux premiers habitants de cette même Isle (*a*). Si le terrein *d'Ischia* n'est point différent des environs du Vésuve, pourquoi ne soupçonnerions-nous pas qu'il y a aussi des veines d'or dans les goufres de notre Montagne?

Que dans *les Lavanges* il y ait du cuivre, ou du plomb, ou de l'étain, ou bien qu'il n'y en ait pas, nous ne sçaurions non plus le décider; mais nous avons grand sujet de penser qu'il y a du fer, soit parce qu'à considerer nos Torrents dans quelques endroits, l'on croit voir tantôt du fer vé-

(*a*) *Lib.* 5. *pag.* 379.

ritable, tantôt de cette écume qu'on appelle *Machefer* dans les Boutiques des Forgerons ; soit parce que la pierre d'aiman, quand on en approche certains morceaux *des Matiéres Véſuviennes*, donne des marques d'une émotion très-ſenſible.

Cette derniere raiſon nous paroît aſſez concluante ; car enfin lorſqu'on voit l'aiguille de la Bouſſole s'incliner plus ou moins vers tel ou tel morceau de ſemblables matiéres, n'eſt-ce pas de quoi juger avec beaucoup de raiſon, que dans toute la maſſe du Torrent il y a du fer inégalement diſtribué ?

Nous ſçavons pourtant bien qu'outre le fer, on trouve quelques corps qui ſympathiſent avec l'aiman. Telle eſt l'eſpece de ſable que dans le Pays Napolitain nous mettons ſur l'écriture.

Ce fable fent la force magnétique, & la fent beaucoup mieux encore que ne feroit la limaille de fer.

Sur cela nous jugeons que l'opinion de M. Geoffroy n'eft pas abfolument hors d'atteinte, lorfqu'il dit que l'aréne fombre & noire eft la feule qui fuive les attraits de l'aiman, & que l'aréne brillante s'y refufe (a). L'expérience nous montre que la pierre d'aiman pofée au-deffus d'un petit tas de ce même fable, dont nous nous fervons dans nos cabinets, enleve le tout fans diftinction, & l'enleve avec beaucoup *d'énergie.*

Au furplus, rien ne nous force à nier tout mélange de fer dans la compofition d'un tel fable; rien n'empêche que les grains, même les plus lucides, ne foient

(a) *Hift. de l'Acad. des Scien.* 1701.

pleins

pleins d'un fer défiguré par quelque puissante cause, qui pourroit bien être le feu, comme nous le ferons voir plus au long dans le Chapitre suivant, où l'ordre veut que nous traitions exprès des cendres & des pierres lancées par le Vésuve.

Quelles que soient les apparences de fer qu'on trouve dans nos Torrents *Vésuviens*, nous sommes contraints d'avouer que nous n'avons point d'assez fortes preuves pour nous expliquer positivement sur pareille matiére. Beaucoup moins encore pourrions-nous démontrer qu'il y ait du cuivre, de l'étain ou du plomb; mais nous avons des raisons pour prendre un ton plus décidé au sujet de l'antimoine (*a*).

(*a*) Bernard Connon dans sa Dissertation sur le Vésuve, imprimée parmi *les Actes de Leipsic* en 1696, prétend aussi qu'il y a de l'antimoine dans nos *Lavanges*.

Entraînés par notre curiosité, nous examinions un jour l'état du Torrent, qui quelques semaines auparavant avoit débouché de la crevasse nouvelle. Non loin de cette crevasse nous découvrîmes dans le même Torrent une fente qui étoit longue de cinq ou six palmes sur une palme de largeur par en haut, & trois de profondeur, ou tant soit peu plus.

Quantité de *miettes* fort lucides tapissoient l'intérieur de cette fente ; on ne distingua pas d'abord de quoi elles étoient, parce qu'il faisoit assez sombre dans leur niche, & que d'autres obstacles en défendoient l'entrée. Nous fimes pourtant si bien, qu'enfin nous en détachâmes quelques-unes : nous ramassâmes aussi un peu de la poussiére qui étoit au fond, & nous trouvâmes que le tout n'étoit qu'antimoine très-parfait. La poudre n'étoit précisément qu'une *exfoliation* d'antimoine, *exfoliation* fort subtile & fort légere, qui ressembloit à cette poudre luisante & laminée, que depuis quelque temps beaucoup de personnes jettent sur l'écriture au lieu du sable dont nous parlions tantôt.

Outre l'antimoine il y a dans nos Torrents force marcassites plus ou moins pures. On y trouve encore du talc (*a*), mais en moindre quantité : nous en avons vû quelques morceaux ; ainsi nous n'en doutons nullement, quoique *le Macrino*, l'un de nos Auteurs les plus exacts pour l'Histoire du Vésuve, paroisse mépriser les discours des personnes qui publioient de son temps que cette espéce de fossile avoit lieu dans *les Lavanges*.

De plus, l'on trouve, & même

(*a*) Voyez *l'Hist. de l'Acad. des Scien. loc. cit.*

assez fréquemment, dans *nos La-vanges* certains morceaux de cryſ-tal, ou qui en ont l'air. Ils ſont enchaſſés dans des pierres brû-lées; leur *lucidité* n'eſt pas uni-forme; les uns paroiſſent plus reſ-plendiſſants, les autres moins.

Pour tout dire en un mot, les aſpects des matériaux de nos Tor-rents paroiſſent innombrables; rien n'eſt plus varié, mais auſſi rien n'eſt moins aiſé que d'en dé-velopper les principes un à un. Chacun peut s'imaginer combien par l'extrême activité du feu, & par le cahos de cent élements di-vers, les choſes doivent changer de face dans une ſi violente opé-ration; peut-être après cette mê-me opération ſont-elles métamor-phoſées au point de nous cacher leurs traits naturels, pour ne nous montrer qu'un maſque impoſteur. Craignant donc d'abandonner le sentier de la vérité en suivant des spéculations vaines, nous ne nous étendrons que sur les principes minéraux les plus manifestes & les plus abondants : sçavoir le sel, le soufre, & une certaine matiére grasse & bitumineuse qu'on pourroit appeller du pétrol.

Commençons par le pétrol. Que notre Montagne en soit une source intarissable, on peut l'inférer de la quantité de cette substance huileuse qu'on voit en tout temps sortir à fleur d'eau dans la plage située au pied du Vésuve. C'est un fait qu'aucun Napolitain n'ignore, d'autant mieux que l'odeur du même pétrol se répand jusqu'à plusieurs milles dans les Terres des environs, lorsque l'air est sérein & légerement agité par les seuls Vents Méridionaux.

M. *Luc-Antoine Porzio* dans l'un de ses deux Discours touchant les

Phénoménes du Véfuve (*a*), prétend qu'en 1631. cette quantité de pétrol forma un feu qu'on voyoit errer fur la Mer le long de la plage que nous venons d'indiquer. Suivant fon opinion, le feu s'empara de cette matiére bitumineufe & fluide, laquelle par fa légereté devoit nâger au-deffus de l'eau, & par fon *accenfion* repréfenter des flammes qui *baifoient* la fuperficie de l'eau même.

Quoi qu'il en foit, les nouveaux Torrents nous ont fourni plufieurs roches & plufieurs pierres toutes tachées de pétrol; on ne pouvoit les manier fans s'appercevoir de l'humidité graffe qui les *vernifjoit*. Nous en avons gardé quelques-unes pendant des mois entiers, & nous ne voyons point qu'elles fe fechent ni qu'el-

---

(*a*) Difcours VII. Voyez *les Opufcules du même Auteur.*

les reprennent leur couleur natale. Assurément l'humidité de l'eau, ou de quelqu'autre liqueur qui ne seroit pas onctueuse, montreroit beaucoup moins d'opiniâtreté.

Une autre chose, qui peut prouver qu'entre les minéraux de notre Montagne il y a du pétrol ou du bitume, & même en très-grande quantité, c'est la qualité des cendres que le Vésuve jette en l'air : elles sont tellement imbibées de l'humeur grasse dont nous parlons, que ni la pluie, ni le vent, ne sçauroient les détacher des arbres, des herbes & des toits qu'elles couvrent. Loin que la pluie les fasse tomber, nous voyons au contraire qu'elles forment une espéce de pâte visqueuse, en se mêlant avec l'eau.

Il faut encore considérer deux qualités de cette même cendre;

car elles sont toutes deux très-propres à nous convaincre de son onctuosité, qui n'est assurément autre chose que l'effet du pétrol ou de la liqueur huileuse dont nous voulons prouver l'existence dans *les matiéres Vésuviennes*.

En premier lieu, c'est que la cendre de notre Volcan ne boit pas comme font ordinairement les autres terres ; d'où il résulte que les côteaux & les champs surchargés de cette cendre ne s'abreuvent guéres de l'eau qui pour lors vient les arroser ; nous voyons qu'ils la rejettent & la laissent passer presque toute. De-là l'inondation des vallées, lorsqu'après l'embrasement les pluies sont considérables ; de-là le ravage des plaines dominées par quelques collines. La raison en est que l'eau roule jusqu'en bas sans diminution ; rien ne s'en perd en chemin. Secondement,

Secondement, l'autre propriété de *nos cendres Véfuviennes*, propriété déja obfervée par de très-anciens Ecrivains, & même par Strabon (a) au fujet des cendres de l'Etna, c'eft d'exciter dans les champs une fertilité prodigieufe, lorfqu'au bout d'un an elles font bien mêlées, bien broyées avec la terre.

Par l'abondance de leurs fels, toutes fortes de cendres en général ont l'heureufe propriété de rendre les terres fécondes; mais quand même l'on voudroit en partie donner la gloire d'une femblable *fertilifation* aux fels dont les cendres de notre Montagne font impregnées, on ne fçauroit pourtant s'empêcher d'avouer qu'en pareille *affaire* l'humeur huileufe & graffe que les fources du Volcan leur prêtent, doit

(a) *Lib. 5. pag.* 413.

T

opérer considérablement (*a*).

Ainsi, voilà des preuves bien claires pour nous montrer qu'il s'engendre dans notre Volcan beaucoup de bitume, ou de naphte, ou de pétrol. Ce pétrol suinte perpétuellement au pied de la Montagne; mais il en sort une plus grande quantité dans les violentes *accensions*, parce qu'alors tous les matériaux cachés dans les soûterrains de cette Montagne, fermentent avec vigueur.

Passons présentement au soufre. Plus il y en a dans *nos Lavanges*, moins nous nous en occuperons; car pourquoi tant de discours sur une chose assez sensible par elle-même.

On peut assurer que dans tous

(*a*) Strabon Lib. 5. pag. 379. *Habent enim pinguedinem glebæ, quâ igni ardescunt, & fructus proferunt...... consumptâ pinguine gleba restincta, ac in cinerem conversa ad fruges producendas redacta est commodior.*

les Volcans ce minéral joue le premier rolle ; on peut, disons-nous, l'assurer, non-seulement à cause de la grande quantité de soufre qu'on voit *fleurir* sur les pierres qui ont été lancées au fort de l'éruption, & à cause des exhalaisons sulfureuses dont l'air d'alentour est infecté pendant l'éruption même ; mais aussi parce qu'on sçait que là où le soufre manque, là le feu ne sçauroit s'allumer ; ou bien que s'il s'allume, il s'éteint bien-tôt.

Nous trouvons donc autour de nos Lavanges les pierres glacées de soufre, mais sur-tout dans les cantons où l'on voit des soûpiraux, d'où l'évaporation paroît continuelle. Dès-là même que cette évaporation laisse aux corps qu'elle touche, une croûte sulfureuse, on doit juger qu'elle n'est autre chose qu'une fumée de soufre fondu. Cela soit dit à l'égard de la principale bouche du Vésuve, aussi-bien qu'à l'égard des soûpiraux dispersés sur le dos des Torrents.

Enfin, l'autre minéral qu'on trouve abondamment dans *les matières Vésuviennes*, c'est du sel, & ce sel est armoniac, comme nous le démontrerons bien-tôt, en rapportant les observations & les expériences que nous avons faites sur lui.

Ordinairement ce sel s'attache aux roches que *léche* la fumée qui sort du Torrent par tant d'endroits divers ; & même il en a été jetté quelquefois sur le sommet de la Montagne une si grande quantité par des bouillonnements intérieurs, que les Païsans s'aviserent d'en ramasser pour le substituer au sel commun.

Mais retournons à celui qui

s'attache aux pierres du Torrent ; on le trouve suspendu & comme incrusté dans leurs parois, ni plus ni moins que la suie dans les tuyaux des cheminées, où l'on fait un feu continuel.

Dans une de ces cheminées naturelles du Torrent, environ cent pas loin du chemin royal, nous observâmes de nos propres yeux une espéce de bijou fait avec des fleurs de sel *Vésuvien* ; les particules n'y étoient point attachées confusément, on les voyoit rangées d'une maniére très-agréable.

De la roche pendoit un bâton de sel formé d'une innombrable quantité de petits morceaux *longuets*. Aux deux côtés de ce bâton naiſſoient beaucoup de petits morceaux semblables, qui lui faisoient une paire d'aîles en s'inclinant les uns sur les autres, tellement que le tout repréfentoit affez bien une jolie plume, dont le tuyau étoit formé par le bâton du milieu, & *l'empennon* par les *baguettes* collatérales.

L'ouvrage alloit plus loin. Telle qu'une tige féconde, cette plume produifoit d'autres plumes pareilles, ou plutôt il y en avoit d'autres qui lui étoient attachées par le bout; au moyen de quoi le bijou confidéré tout enfemble, traçoit l'image d'une plante ombellifere.

Adroitement détachées de la pierre, ces *ombelles* confervoient encore leur difpofition fur la main ou fur le papier; mais lorfqu'on les défaifoit en les touchant avec trop de rudeffe, elles fe partageoient en cent & cent petites aiguilles qui étoient blanches, féches & poudreufes.

Ayant oublié d'apporter un microscope, nous ne poussâmes pas plus loin nos observations sur l'arrangement de ces bouquets de sel; mais sur le corps même du sel nous fimes plusieurs expériences qui pourront en développer les propriétés.

1°. Sur certaines roches notre sel paroît extérieurement très-semblable au sel armoniac vulgaire.

2°. Quant au goût, il y a quelque différence; le sel du Vésuve est plus piquant sur la langue; peu s'en faut même qu'il ne soit caustique.

3°. Ramassés dans différents endroits, nos sels ne rendent pas tous la même saveur, tous n'affectent pas non plus la langue avec le même dégré *d'énergie*. En général on recueille sur les pierres noirâtres un sel plus piquant & plus fort que sur d'autres pierres blanches ou jaunes.

4°. Une égale portion d'eau diſſout plus de ſel armoniac *Véſuvien* que de ſel armoniac ordinaire.

5°. On ramaſſa ſur quelques pierres un ſel taché de certaine onctuoſité jaunâtre, & ce ſel mis en feu répandoit une odeur bitumineuſe, une odeur de pétrol.

6°. Jetté ſur des charbons tout rouges, notre ſel ne pétille point, il s'évapore en fumée, & cette fumée rend l'odeur que rendent les choſes marines, lorſqu'on les brûle (*a*).

7°. Le même ſel poſé ſur les pierres du Torrent, lorſqu'elles étoient encore chaudes, ne s'évaporoit qu'à diverſes repriſes, c'eſt-à-dire, qu'ayant jetté une bouffée d'exhalaiſon, il s'arrêtoit;

(*a*) Cette odeur eſt auſſi conſtante qu'univerſelle dans les matiéres Véſuviennes. D'autres Ecrivains l'ont déja remarqué.

puis venoit une autre bouffée, puis un autre moment de repos, & toujours ainsi jusqu'à la fin, comme fait une pipe de tabac dans la bouche d'un fumeur.

8°. Mêlé avec l'huile de tartre, le sel du Vésuve ne fermente point, non plus qu'avec l'esprit de vitriol ou de sel commun. Par-là on peut comprendre que notre sel est un sel neutre qui n'a rien ni de l'acide ni de l'alkali (*a*).

9°. Une demie-once d'infusion du même sel que nous fîmes ava-

---

(*a*) Dans leurs Ouvrages les Chymistes parlent ordinairement du sel de Pouzzol & du sel de notre Vésuve comme d'un vrai sel armoniac; il n'y a qu'à ouvrir *la Metallotheca du Mercato*, pour voir que c'est-là leur langage familier; le Borelli s'exprime de même au sujet du sel de l'Etna. Cependant plusieurs indices très-frappants annoncent qu'il entre de l'acide & de l'alkali dans la composition du sel armoniac vulgaire; on peut s'en convaincre en lisant les notes *de Pierre Assalti* sur cette *Metallotheca* que nous venons de citer. Notre sel *Vésuvien* ne donne aucun indice semblable.

ler à un chien, lui causa des convulsions & des douleurs si violentes, qu'il en mourut au bout de quatre heures. L'ayant ouvert, l'on trouva son sang très-dissout & totalement couleur de pourpre, & ce sang demeura tel pendant le cours de six heures entieres.

10°. Mis en poudre, & flairé pendant quelque temps, ce sel excitoit dans la tête une douleur opiniâtre.

11°. Pour voir s'il y avoit quelque diversité notable entre les sels que nous tirions de diverses roches, & s'ils ne contenoient pas d'autres sels primordiaux, tels que le sel marin, le nitre, le vitriol, l'alun, dont les molécules ou les éléments reprennent toujours leur premiére figure dans les cryſtalliſations, comme le ſçavent les Chymiſtes : nous en ramassâmes sur des pierres très-différentes, soit par leur couleur, soit par leur densité. Lorsque tous ces sels furent crystallisés chacun à part, nous nous servîmes du microscope pour les examiner, & par-là nous reconnûmes trois choses : premiérement, qu'entre les sels tirés de différentes pierres, il n'y a point de disparité considérable ; secondement, qu'il n'y a guéres de molécules des sels primordiaux dans le sel *Vésuvien*; troisiémement, que les crystaux étoient rameux & de figure bizarre. Au bout des rameaux l'on voyoit quantité de pyramides irréguliéres très-pointues & très-luisantes. L'intervalle des mêmes rameaux offroit quelques petits corps *longuets* & scabreux, les uns semblables à des cylindres, & d'autres à des prismes de base polygone. Nous vîmes aussi dans certaines masses quelques petits corps taillés en cube, mais il n'y en avoit que fort peu de cette espéce. Toute la troisiéme observation prouve sans difficulté que la Nature disperse inégalement dans le sel de notre Montagne, une foible portion de nitre & de sel marin. Au surplus, nous avons répété plusieurs fois ces crystallisations ; & pour mettre la vérité dans un plus grand jour, nous prenions à chaque fois le soin de varier les doses des sels.

12°. Fondu dans de l'eau, notre sel la refroidit considérablement. Il en fait autant à proportion sur les autres liqueurs, excepté sur l'huile commune. En tout cela notre sel & le sel armoniac vulgaire sont assez bien d'accord, si ce n'est que le sel du Vésuve cause un froid très-sensible dans l'eau-de-vie, pendant que le sel armoniac vulgaire ne la rafraîchit presque point, suivant que l'ont observé les Académiciens de Florence (a), & que nous l'avons éprouvé nous-mêmes.

13°. Nous plongeâmes dans huit onces d'eau, où l'on avoit détrempé deux onces de sel *Vésuvien*, la phiole d'un Thermometre qui avoit dix-huit pouces de hauteur; l'esprit de vin baissa de quatre pouces & un quart. Or cette liqueur ne descend jamais jusques-là, quelque sel qu'on dissolve dans l'eau, fût-ce du sel armoniac vulgaire. On sçait qu'à Paris le sçavant M. Geoffroy usa de ce dernier pour une semblable expérience; son Thermometre n'étoit ni plus ni moins haut que le nôtre; l'abaissement de la liqueur n'alla pourtant qu'à trente-

(a) Voyez le Titre: *Expériences concernans quelques effets du froid & du chaud. Exper.* 5.

trois lignes (*a*). Ainsi, quand nous voudrons comparer les deux observations, nous trouverons que l'abaissement causé par le sel du Vésuve l'emporte de dix-huit lignes entieres, c'est-à-dire, d'un pouce & demi. Au reste, pour écarter tout sujet de doute, nous avons eu l'attention de tenir la phiole du Thermometre plongée quelque temps dans l'eau avant que d'y faire fondre le sel, & nous tenions le sel dans la même circonférence d'air; d'où il résulte que l'on ne sçauroit attribuer au contact de l'air d'alentour l'étrange mutation dont nos yeux furent ensuite les témoins.

14º. Ayant pulvérisé une portion de notre sel, nous la versâmes sur de la neige où l'on avoit mis

―――――

(*a*) Comme on l'a marqué dans les Mémoires de l'Académie des Sciences de Paris en 1700.

un carafon plein d'eau. On agita le carafon jufqu'à ce que l'eau fût bien froide. Alors cette eau nous parut d'un goût de faumure puante & très-défagréable. Tout de fuite on répéta l'expérience avec autant d'eau, autant de neige & de fel commun, mais elle n'eut pas le même fuccès ; car l'eau ne nous offrit point une pareille mutation de faveur, quoique nous euffions donné au fel affez de temps pour y pénétrer.

15°. On prit du fel ramaffé dans les foûpiraux épars fur notre grande *Lavange* ; on le confronta par différents effais avec le fel des foûpiraux perpétuels, que l'on trouve dans la Solfatare auprès de Pouzzol. Cette confrontation nous fit voir que le fecond liquéfié dans une infufion de gales, rendoit un rouge obfcur & morne, au lieu que le premier produisoit à la vérité un rouge obscur, mais un peu plus vif, un peu plus éclatant. Nous observâmes ensuite que ni l'un ni l'autre des deux sels dont nous parlons, ne teignoit en rouge le papier bleu. Enfin, nous reconnûmes que la dissolution de notre sel mêlée avec de l'huile dans une infusion de chaux de tartre, ne donnoit aucun signe de bouillonnement; mais au bout d'une demie heure la liqueur devenoit trouble, par le moyen de quelques flocons très-menus qui étoient d'un jaune foncé. Avec le sel de la Solfatare c'étoit la même chose, si ce n'est que toute la mixtion paroissoit offusquée d'une légere nuance de blancheur, & qu'elle déposoit un sédiment blanc dans le fond du vaisseau.

Suivant l'ordre de notre division, il est temps d'examiner la principale

principale matiére des Torrents *Véfuviens*; cette matiére qui ayant coulé dans nos champs, lorfque le feu l'embrafoit, devient lourde, *pétreufe* & friable, dès que fa chaleur l'abandonne.

Dans les Chapitres précédents nous nous fommes affez étendus fur le cours de cette matiére, fur fa fluidité, fur la force de fa chaleur, & fur d'autres chofes pareilles. Maintenant il eft queftion d'en développer les principes; il faut montrer comment la Nature les affemble pour fabriquer la maffe de nos Torrents, telle que nous l'avons dépeinte, & telle qu'on la voit dans tous les environs du Véfuve, ou bien encore dans le pavé de Naples; car notre pavé n'eft fait qu'avec des pierres tirées du fein *des Lavanges*, foit anciennes, foit nouvelles, ainfi que nous l'avons déja remarqué plus haut.

A dire vrai, nous ne sçaurions penser plus juste, ni nous exprimer plus nettement que le Borelli, sur la présente question ; car il la met dans un fort grand jour en décrivant les Torrents du Mont Etna : ainsi nous allons rapporter ses propres paroles que nous traduirons du Latin ; ensuite nous ferons quelques réfléxions sur le même sujet.

Chapitre XII. du Borelli, sur l'origine & sur la production des matiéres fluides & vitrifiées que vomissent les goufres du Mont Etna.

« Après avoir suffisamment par-
» lé de la matiére des flammes,
» après avoir expliqué la façon
» dont cette matiére s'allume,
» l'ordre veut que nous tournions
» notre attention vers ces masses
» fluides qu'on voit métamorpho-

» fées en pierre dans les champs
» mêmes, où leur molleſſe natale
» porte le ravage & la terreur.

» Il eſt ſûr, comme l'obſervoit
» avec moi le ſçavant François
» Arezzo, noble Syracuſain, que
» le ſoufre & le bitume liquéfiés
» dans les fournaiſes de l'Etna,
» ne ſçauroient par aucune tranſ-
» mutation former les maſſes de
» nos Torrents pétrifiés, ces maſ-
» ſes énormes de roche noirâtre,
» qu'en Sicile nous appellons vul-
» gairement *du grais*. On doit plu-
» tôt juger que la terre & le gra-
» vier de la Montagne ſe diſſol-
» vent par un feu très-violent;
» qu'au moyen de leur diſſolution
» l'un & l'autre prennent une flui-
» dité ſemblable à la fluidité du
» verre; qu'enfin ſous l'impreſſion
» de l'air le tout s'endurcit. Voilà
» ſans doute ſur quoi Virgile fonda
» les deux beaux vers ſuivants:

Vidimus undantem ruptis fornacibus Ætnam,

Flammarumque globos, liquefactaque volvere saxa.

» L'expérience nous montre
» que le soufre & le bitume li-
» quéfiés ne sçauroient produire
» du verre; il faut pour cela du
» marbre trituré, ou bien du sable
» mêlé avec des sels de lessive;
» une coction violente fait pren-
» dre à toutes ces choses la con-
» sistance propre au verre fondu.

» L'expérience nous montre
» encore chez les Verriers, que
» dans un fourneau bien ardent,
» bien fermé de toutes parts, ex-
» cepté quelques petits soûpiraux
» qu'on laisse ouverts, le feu pri-
» sonnier travaille impétueuse-
» ment à se faire une sortie. Or si
» par avanture l'un des côtés du
» récipiant est trop foible, le

» voilà brisé, mis en piéces, non
» sans secousse & sans fracas.

» D'abord par cette crevasse
» on verra sortir les débris du mur
» avec des bouffées de feu & de
» flammes. Ensuite viendra le ver-
» re liquéfié, qui tout rouge, tout
» brûlant, ne laissera pas de se
» congeler bien-tôt sous l'impres-
» sion de l'air, jusqu'au point de
» prendre une solidité *pétreuse* &
» triturable.

» Je crois qu'on doit penser
» que la Nature suit le même sen-
» tier dans les embrasements de
» l'Etna. Figurons-nous que l'Etna
» contient, soit au fond de ses
» goufres, soit aux parois, quan-
» tité de matiére *accensible* qui
» prend feu avec une promptitude
» étonnante, comme fait la pou-
» dre à canon.

» Concevons que cette matiére
» trouve dans les cavités de l'Etna

» une nourriture durable & conſ-
» tante ; ſoit qu'une telle nourri-
» ture naiſſe à propos dans les mê-
» mes cavités, ſoit qu'elle y vienne
» par les poroſités de la Terre.

» Repréſentons-nous encore
» que cette même matiére eſt
» tellement conſtituée, qu'elle ne
» ſçauroit ni brûler, ni s'enflam-
» mer tout d'un coup dans toute
» l'épaiſſeur de ſa maſſe ; qu'ainſi
» le feu dont elle devient la proie
» ne s'attache qu'aux parties ſu-
» perficielles qui communiquent
» avec l'air : c'eſt comme une
» bougie allumée, le feu ne la
» ronge qu'en abſorbant les de-
» hors ; il ne pénetre pas juſqu'au
» dedans.

» Tout étant diſpoſé de cette
» maniére, *l'accenſion* peut com-
» mencer dans les cavités de la
» Montagne, qui n'ont d'autre
» ouverture que quelques petits

» soûpiraux ; alors la véhémence
» du feu diſſoudra & liquéfiera les
» roches, les terres & le ſable
» d'alentour, comme elle fait dans
» les fourneaux des Verriers.

» L'incendie s'accroît, l'écor-
» ce de la Montagne eſt ſecouée;
» voilà les tremblements de terre
» avant-coureurs des éruptions.
» Tout de ſuite viennent les mu-
» giſſements, puis les parois des
» cavités s'entr'ouvrent dans l'en-
» droit le moins ferme ; puis cette
» bouche vomit & du ſable, &
» des morceaux de pierre, & des
» flammes & de la fumée avec un
» tumulte prodigieux. Enfin par
» cette même bouche ſort la terre
» vitrifiée, molle & fluide, qui
» coule d'abord au gré de la pen-
» te qu'elle rencontre.

» Bien-tôt le grand air congele
» cette terre vitrifiée, bien-tôt
» elle prend la ſolidité des pierres;

» alors elle se rompt, elle se di-
» vise en éclats *de grais*, lesquels
» sont poussés par *des flots* nou-
» veaux qui les *talonnent*; voilà
» comment les Torrents en ques-
» tion jaillissent & s'allongent dans
» nos campagnes.

» Jusqu'ici nous n'avons fait
» voir que la possibilité du Phé-
» noméne; maintenant il faut en
» montrer la probabilité par des
» exemples & par des raisons.

» Que par un feu très-violent
» la terre sabloneuse & les petites
» pierres qui forment la croûte
» du Mont Etna, puissent être li-
» quéfiées, comme le verre & les
» métaux, c'est un fait incontes-
» table; l'expérience nous en don-
» ne des preuves certaines; car
» on sçait que dans un fourneau
» de reverbere tous ces corps-là
» souffrent aisément fusion, pour-
» vû que l'on y joigne quelques
sels,

» sels, tels que du nitre, du tartre,
» du vitriol, &c.

» La même chose arrive dans
» les fourneaux des Verriers; car
» d'y jetter du gravier ou des pe-
» tits morceaux de marbre sans y
» joindre les sels nécessaires, c'est,
» suivant les Maîtres de l'art, une
» entreprise vaine, il n'y a point
» de fusion. Mais dès qu'on ajou-
» tera des sels de lessive, la ma-
» tiére deviendra bien-tôt molle,
» coulante & vitrifiée.

» Or, puisqu'il y a du soufre &
» des sels de plusieurs sortes dans
» les fournaises de l'Etna, com-
» me nous l'avons fait voir, &
» comme l'on doit en juger par
» cette quantité de sel armoniac
» qu'on trouve sur nos Torrents,
» les pierres, le sable & la terre
» aréneuse doivent nécessaire-
» ment tomber en fusion dans les
» mêmes fournaises, ni plus ni

X

» moins que dans les fourneaux
» des Verriers.

» Une expérience faite à Ca-
» tane confirmera cette vérité.
» On mit dans un fourneau bien
» ardent quelques-uns des vases
» où les Verriers cuisent leurs ma-
» tiéres, & qu'on appelle des *mor-*
» *tiers*, suivant le style de la pro-
» fession. Ces mortiers, qui étoient
» d'une pierre noirâtre & ferrugi-
» neuse, que l'on avoit taillée dans
» la masse d'un Torrent vomi au-
» trefois par l'Etna, furent liqué-
» fiés avant que le sable qu'ils con-
» tenoient devînt fluide.

» Lorsque l'on considere des
» preuves si frappantes, on ne
» sçauroit voir sans une profonde
» surprise l'erreur du Carrera, &
» l'opiniâtreté de plusieurs autres
» Ecrivains, lesquels nient abso-
» lument que le *grais* fluide qui
» coula des gouffres de notre Mon-

» tagne, soit une transmutation
» du sable, ou des roches de cette
» Montagne même.

» Et le Carrera & les autres,
» qui soutiennent cette opinion,
» s'appuient sur un fait avéré, d'où
» ils tirent une conséquence fausse.
» Le fait est que tout le sable, tous
» les corps *pétreux* qui roulent
» avec un Torrent de l'Etna, ne
» deviennent pas fluides, quoique
» le Torrent soit encore tel ; sou-
» vent on les retrouve entiers gar-
» dant leur première consistence
» & leur première figure, mais
» *masqués* d'une croûte *de grais*,
» comme les pierres d'une mu-
» raille sont *masquées* de plâtre ou
» de chaux.

» Voilà l'expérience dont on
» s'arme contre nous ; mais on ne
» fait point attention que notre
» matiére coulante ne retient pas
» au grand air toute la chaleur

» qu'elle avoit dans les fournaises
» d'où elle sort ; il résulte pourtant
» de-là qu'étant sortie, elle ne
» sçauroit plus fondre les pierres
» & le gravier que le Torrent en-
» traîne par hazard.

» C'est justement comme si nous
» tirions d'un fourneau une masse
» de verre fondu ; en vain y mêle-
» rions-nous d'autres particules
» froides & solides, ou de verre
» ou de gravier ; la liquéfaction
» n'arriveroit point, parce qu'il
» faut pour cet effet une chaleur
» très-violente & très-durable,
» dont la masse en question ne
» jouïroit plus au grand air. Mais
» qu'on jette les mêmes particu-
» les dans le fourneau bien allu-
» mé, elles seront bien-tôt en
» fusion.

» Inférons de toutes ces vérités
» réunies, qu'on ne doit point
» douter que nos Torrents ne

» soient une production, ou plu-
» tôt une transmutation du sable
» & des pierres qui éprouvent
» l'activité du feu dans les four-
» naises de l'Etna.

» Autre erreur sur la matiére
» de nos Torrents, c'est de la
» croire métallique, parce qu'elle
» se fond comme les métaux.
» Rien n'est pourtant plus connu
» que les fourneaux des Verriers;
» chacun sçait que la terre & le
» sable y deviennent fluides, tout
» de même que les métaux livrés
» à la violence du feu. Quoiqu'à
» cet égard notre sentiment soit
» aussi clair que le jour, nous ne
» laisserons pas de l'illustrer en
» proposant une expérience.

» Qu'on mette des morceaux
» de terre cuite & des petites bri-
» ques dans un four à chaux; on
» verra qu'au bout de quelque
» temps tous ces corps prennent

» une couleur noire ; qu'ils de-
» viennent mous comme de la
» cire ; qu'ils se dissolvent & se
» mêlent comme du verre liquéfié.

» Qu'on les laisse refroidir, ils
» prendront la solidité du verre,
» & une couleur noirâtre avec
» toutes les autres qualités que l'on
» voit dans *le grais* de nos Tor-
» rents.

» Ainsi, je répéte avec con-
» fiance, que c'est une erreur d'al-
» ler chercher la principale ma-
» tiére de nos Torrents dans les
» métaux ; on ne s'égareroit pas
» moins en la cherchant dans le
» bitume ; les goufres de l'Etna
» ne manquent ni de gravier ni
» de terre ; & la terre & le gravier
» sont les corps les plus propres
» à la vitrification.

» Néanmoins, la rudesse & l'o-
» pacité de notre *grais* peuvent
» faire naître quelque doute, car

» il ne semble point du tout que
» ces deux qualités-là conviennent
» au verre ; l'extérieur du verre
» est poli, son intérieur est trans-
» parent.

» L'exemple des briques dissi-
» pera cette difficulté. Quand on
» tient long-temps des briques
» dans un four à chaux, elles s'y
» fondent, elles s'y vitrifient, mais
» elles ne deviennent point trans-
» parentes, & leur surface reste
» toujours raboteuse.

» Il en est de même *du grais*
» dont nos Torrents sont compo-
» sés. On trouve la raison de sa
» rudesse & de son opacité dans
» l'hétérogénéité des matiéres que
» le feu du Volcan vitrifie.

» On n'a qu'à mêler de la pous-
» siere de caillou avec une masse
» de verre bien liquide, le verre
» deviendra certainement opaque
» & scabreux. Qu'on mêle encore

» des sables de diverse nature
» dans un fourneau ; par exemple,
» qu'on y jette du marbre, des
» pierres ponces, des pierres noi-
» res, vertes, rouges, & de cent
» différentes espéces, les unes
» plus grosses, les autres plus
» fines, il en résultera, lorsque la
» fusion sera faite, une masse de
» verre opaque & rude.

» Si au contraire tout le sable
» qu'on emploie est d'une égale
» finesse, s'il est tiré de pierres
» uniformes & qui sympathisent
» parfaitement, on aura du verre
» très-pur, très-net, bien poli &
» bien diaphane.

» Rien de plus aisé que l'appli-
» cation de cet exemple. La terre
» & le gravier qui se dissolvent
» dans les fournaises de l'Etna,
» ne sont ni d'égale finesse, ni de
» constitution homogene. De-là
» provient nécessairement une

» masse vitrifiée très-impure &
» très-mal propre ; par consé-
» quent on ne doit point s'éton-
» ner qu'elle soit inégale dans sa
» superficie, & opaque dans toute
» sa profondeur.

» Pourquoi s'en étonneroit-on ?
» Les matiéres homogenes, lors-
» qu'on les a liquéfiées, ne de-
» viennent douces & polies qu'au-
» tant que leurs particules ont la
» même configuration, la même
» consistence & le même poids.
» Il suit de-là que dans leur fu-
» sion ces particules ne rencon-
» trent point d'obstacle à descen-
» dre toutes également, non plus
» qu'à s'unir également les unes
» aux autres.

» Mais quand les particules
» n'ont pas l'uniformité nécessai-
» re, il peut arriver que les unes
» se liquéfient, & que les autres
» ne se liquéfient pas ; l'une sera

» précipitée au fond par sa pesan-
» teur, l'autre surnâgera par sa
» légereté, comme fait un mor-
» ceau de bois qui flotte sur l'eau.
» Assurément un mélange pareil
» ne produira qu'une masse toute
» hérissée de monticules, toute
» entrecoupée de vallons. Suivant
» la même loi, cette difformité
» doit pénétrer jusqu'au dedans ;
» ainsi le dedans doit être opaque.

» Outre cela, une autre cause
» fait que la surface de nos Tor-
» rents ne sçauroit être polie, &
» qu'au contraire on la voit bos-
» suée par une espéce d'ondula-
» tion.

» Posons d'abord un fait cer-
» tain. Exposée au grand air, la
» surface du Torrent se consolide
» bien-tôt, quoiqu'elle n'acquiere
» pas sa dureté tout ensemble dans
» toutes ses parties ; mais les par-
» ties intérieures, au moyen de

» leur feu concentré, gardent en-
» core pour quelque temps leur
» premiére mollesse, d'où il suit
» qu'elles ne s'endurcissent & ne
» s'arrêtent que beaucoup plus
» tard.

» Imaginons-nous présente-
» ment cette masse renfermée
» dans une espéce de *fourreau*,
» moitié dur, moitié pliant &
» fléxible : dur à l'égard des ma-
» tiéres hétérogenes qui n'ont pas
» été bien liquéfiées : pliant &
» fléxible à l'égard d'autres ma-
» tiéres dont la fusion s'est mieux
» faite.

» Lorsqu'enfin les parties inté-
» rieures s'arrêtent en se conden-
» sant, l'écorce dans l'état où nous
» la peignons ne sçauroit baisser,
» ni s'ajuster également sur toute
» *la moëlle*. Par conséquent les
» plus dures portions de cette
» même écorce doivent rester

» dans leur situation première;
» pendant que d'autres portions
» plus souples se rétrécissent &
» s'abaissent.

» Suivant cette observation, le
» dos du Torrent devient ridé à
» peu près comme la face d'un
» vieillard. Dans le bel âge l'em-
» bonpoint tient la peau tendue;
» avec le temps l'embonpoint s'en
» va; pour lors la peau se resserre
» & se plisse; mais ne pouvant se
» resserrer ni se plisser également
» sur tout le visage, parce qu'elle
» n'est pas également endurcie
» dans tous les endroits, elle offre
» aux yeux un champ sillonné,
» où l'on voit rester *en saillie* les
» portions les moins souples, pen-
» dant que les plus molles s'en-
» foncent & se cavent.

» Tout cela peut avoir lieu dans
» notre *grais*, à cause de la diffor-
» mité des matériaux qui entrent

» dans sa composition, & par une
» autre raison encore, sçavoir, par
» sa maniére de couler ; car la
» croûte qui commence à s'en-
» durcir, est obligée de se mou-
» voir avec une inégale vélocité,
» tantôt plus vîte, tantôt plus len-
» tement ; plus vîte auprès de sa
» source, & plus lentement lors-
» que le Torrent s'est avancé dans
» nos plaines. Dans cette derniére
» position les rides deviennent
» plus fréquentes & beaucoup
» plus relevées en bosse que dans
» la premiére. Alors le même
» Torrent n'offre aux yeux qu'une
» foule d'aspérités bizarres, com-
» me feroit un champ tout hérissé
» de mottes, lesquelles seroient
» de différentes terres & de diffé-
» rentes grandeurs «.

Selon nous, cette doctrine du Borelli prouve assez bien que la matiére de nos Torrents n'est autre chose que des cailloux, des petites pierres, & de la terre *aréneuse* ou du sable, le tout broyé & fondu par un feu très-vif ; il s'y mêle sans doute quantité de sels & d'autres minéraux approchants, qui contribuent à rendre *l'accension* plus forte & la fusion plus parfaite.

Comme dans leur fusion ces matériaux deviennent entièrement semblables au verre, ils en gardent aussi les propriétés lorsqu'ils se refroidissent ; car on les trouve alors pesants, triturables & très-durs.

Et s'ils n'acquierent point la transparence & la douceur du verre, cela provient uniquement de l'hétérogénéité des mêmes matériaux, qui ne s'accordent ni dans leur tissure ni dans leur dégré de fusibilité. Aussi voyons-nous des verres moins doux &

moins transparents que d'autres; la raison en est que les corps qui entrent dans leur composition, ne sont pas tous également fusibles.

Encore une fois, tout cela est suffisamment démontré dans le Borelli, par l'exemple de la confection du verre, & par l'autre exemple fondé sur la vitrification des briques : exemples dont nous devons être d'autant plus persuadés, que le feu des miroirs ardents les a confirmés de nos jours ; car le feu des miroirs ardents, comme on l'éprouva dans Florence en 1694. & 1695. & comme on le trouve attesté dans le Journal des Sçavants d'Italie (a), *transmue*

___

(a) *Tom.* 8. *Art.* 9. *pag.* 221. On y donne le nom de *miroir* à l'instrument qu'on employa pour cette expérience ; la vérité est que c'étoit *une lentille* ; nous en avons présentement dans Naples une toute pareille, dont le même Journal fait mention, & qui appartenoit ci-devant à la Maison de Parme.

en verre presque tous les corps, tant simples que composés, tels que pourroient être des pierres, du bois, des herbes, des fruits, du linge, du drap, du chocolat, du fromage, & d'autres choses pareilles, pour ne rien dire des pierres précieuses, lesquelles, à l'exception de quelques-unes, essuient généralement cette singuliere métamorphose ; M. Homberg l'a vûe arriver dans l'or même & dans l'argent (*a*) ; & quand on s'est avisé d'attaquer son expérience, les critiques ont moins effleuré la vérité du fait, qu'elles n'ont harcelé bien ou mal la Théorie proposée par cet habile homme (*b*).

 Chacun au reste comprendra facilement que lorsqu'on emploie un feu grossier, tel que nous l'al-

___
(*a*) *Hist. de l'Acad. des Scien.* 1702.
(*b*) Voyez le Journal des Sçavants d'Italie. *Tom.* 30. *Art.* 12. *pag.* 341.

lumons

lumons dans nos fourneaux ordinaires, ce feu a besoin de quelque véhicule pour vitrifier les corps qu'on lui livre. Voilà pourquoi dans les fourneaux des Verriers il faut mêler la poudre de marbre avec les sels fixes que nous fournit la cendre des plantes, autrement la fusion de cette poudre n'arriveroit point ; & si nous voyons les briques se liquéfier d'elles-mêmes dans les fours à chaux, c'est que les particules de la chaux sont assez pénétrantes pour suppléer au défaut du sel.

Mais dès qu'on emploie un feu plus subtil dont la vigueur est parfaitement rassemblée, tel qu'on le trouve dans l'union des rayons du Soleil, alors il n'est rien, ou presque rien, qui sans le secours d'aucun véhicule ne soit vitrifié en très-peu de temps; c'est-à-dire, que la matiére se fond, qu'ensuite elle se congele en perdant sa chaleur, qu'enfin elle reste dure, friable & transparente.

Les choses étant ainsi, nous ne sçavons à quoi comparer le feu du Vésuve ; certainement nous ne l'égalerons pas au feu des rayons du Soleil, lorsqu'on les ramasse dans le foyer d'un miroir; car il faut avouer que les feux de notre Montagne ont beaucoup moins de subtilité, beaucoup moins d'union & de force.

Nous ne pouvons pas non plus comparer le feu *Vésuvien* avec les feux qu'on fait dans les fourneaux des Verriers, ou dans les fours à chaux ; car, suivant les expériences rapportées dans le troisiéme Chapitre de cette Histoire, le feu de notre Volcan excede prodigieusement l'activité des feux les plus terribles que nous puissions allumer pour nos usages communs ; soit que cela vienne de l'efficacité des minéraux, qui servent d'aliment aux *accensions* naturelles ; soit que cela naisse de la disposition des soûterrains, qui par voie de reverbere, pourroient concentrer & augmenter la chaleur jusqu'à un dégré formidable.

Dans l'hypothese précédente, on ne sçauroit décider si pour fondre les terres & les pierres, notre feu *Vésuvien* exige le secours du véhicule qu'on doit prêter au feu des fourneaux où les Verriers liquéfient leur sable ; mais cette incertitude ne doit pas nous embarrasser ; n'importe qu'un tel véhicule soit nécessaire ou non. Une chose avérée, c'est que les goufres de notre Montagne, aussi-bien que les cavités des autres Volcans, contiennent beaucoup de différents sels, & ces sels peuvent causer la vitrification, ou du moins la faciliter & la perfectionner.

CHAPITRE V.

Des cendres & des pierres que le Vésuve jette en l'air pendant ses Incendies.

POur jetter quelques nouveaux traits de lumiére sur cette Relation, nous croyons qu'il convient d'examiner dans le présent Chapitre les cendres & les pierres lancées par le Vésuve. Nous allons donc en détailler les propriétés & les effets, quoique nous en ayons déja parlé incidemment.

C'est parmi nous une chose manifeste que dans toutes les *accensions*, même dans les plus médiocres, le Vésuve jette quantité de cendre ou de sable avec les tourbillons de fumée qu'on voit jaillir de son sein.

Cette cendre vole confusément avec la fumée, tant que l'épaisseur & l'impétuosité de la fumée lui prêtent assez de soutien, & dans leur union l'on ne sçauroit les distinguer l'une d'avec l'autre par aucun indice.

Mais dès que la fumée perd sa force en s'éparpillant, les cendres commencent à tomber : premiérement les plus grosses & les plus *pondéreuses*, puis les plus fines & les plus légeres.

Tout cela va suivant les mêmes loix, par lesquelles & le sable & la terre, & les pierres obéissent dans un Fleuve à la rapidité du courant. Car lorsque le Fleuve perd sa vélocité, on voit tomber au fond premiérement les choses les plus lourdes, puis les plus légeres, jusqu'à ce qu'enfin l'eau demeure nette & dégagée des corps qui la troubloient.

De-là vient que tous les bas du Véſuve ſont ſurchargés de cendres & de *pierrettes* qu'on y voit tomber de cette maniére dans les plus foibles *accenſions*; mais comme dans les grandes *accenſions* la fumée ſort du Volcan avec une impétuoſité terrible, pour lors ce ne ſont plus ni des cendres ni des petites pierres qui tombent au pied de la Montagne; ce ſont des pierres groſſes & peſantes, & quelquefois des roches embraſées; un peu plus loin vont s'abattre d'autres pierres moins lourdes, & toujours plus loin à proportion les morceaux les moins *pondéreux*, juſqu'à ce qu'enfin la cendre légere & ſubtile pleuve dans un éloignement ſouvent incroyable.

Voilà comment on doit juger qu'arriva le fait, lorſqu'on trouve dans les Relations antiques &

modernes du Vésuve que sa cendre alla souvent tomber dans nos Provinces les plus éloignées de Naples, souvent dans la Dalmatie & dans le Golfe Adriatique, quelquefois même jusqu'en Syrie & en Egypte, d'autres fois à Constantinople (a).

Au sujet de cette prodigieuse *dissémination*, nous devons considérer trois choses : premiérement, que le tourbillon de cendre & de fumée qu'on voit sortir de la Montagne, obéit à l'impulsion du vent; par conséquent, selon que le vent souffle d'un ou d'autre côté, la fumée & la cendre volent vers tel ou tel pays.

Ainsi, comme les vents méridionaux ont presque toujours régné durant le dernier embrasement, le déluge des cendres in-

---

(a) Voyez Dion & plusieurs autres Ecrivains.

commodoit les endroits situés au Septentrion de la Montagne, tels que *Somma*, *Nole*, & les terres d'alentour, pendant que *la Tour de l'Annonciade*, *la Tour du Grec*, *Résina Portici*, & les champs circonvoisins, quoique beaucoup plus près du Volcan, ne laissoient pas d'être exempts d'un si cruel fléau. Lorsqu'ensuite le vent changea vers le déclin de l'éruption, *la Tour de l'Annonciade* & les environs eurent leur part du mal.

Secondement, une chose assez digne d'attention, c'est que dans nos Incendies, tant anciens que nouveaux, le plus grand dommage causé par les cendres *Vésuviennes* tomba presque toujours sur les endroits situés au Nord, ou du moins au Levant de la Montagne : singularité qui provient sans doute de ce que la plûpart du temps nous avons des vents méridionaux ou des vents voisins du Couchant. Aussi nous parle-t-on beaucoup du transport des cendres jusqu'en Syrie, jusqu'en Egypte, ou à Constantinople. Au contraire, Dion ne parle qu'à peine des cendres jettées dans Rome sous l'Empire de Titus; événement qui néanmoins s'accorde avec le témoignage de Pline (a) au sujet de cette nuée, dont la vaste épaisseur offusquoit le Cap *de Misene*, l'Isle de Caprée, & d'autres lieux placés entre le Ponant & *le Garbin*, à l'égard du Vésuve. Il est pourtant vrai qu'en 1707. lorsque l'affreux brouillard des cendres & de la fumée déroba le jour, à plusieurs Pays des environs, les contrées occidentales furent bien plus livrées au malheur dont il s'agit, que les cantons orientaux; mais

(a) *Epist*. 20. *Lib*. 6.

il n'en est pas moins certain que les choses tournent ordinairement d'une autre maniére, & que les vents du Midi ont coutume d'écarter de notre Capitale une grêle si funeste.

Troisiémement, quoique la plûpart des Historiens semblent penser dans un autre goût, nous observerons que ces prodigieux transports de cendres *Vésuviennes* annoncent moins la grandeur de l'Incendie, que la violence du vent; car enfin que le Volcan lance dans les airs autant de cendres qu'on voudra; dès que les vents manqueront, ou bien dès qu'ils seront trop foibles pour emporter ces mêmes cendres loin de leur source, elles tomberont bientôt au pied de la Montagne, puisqu'elles ne sçauroient qu'à peine s'éloigner autant que peut durer la force de cette premiére impulsion, qui du fond des gouffres embrasés les pousse en tourbillon jusqu'au-dessus de la Montagne même : soit que cette impulsion vienne de l'activité du feu, soit qu'elle naisse d'une autre cause.

Quand on nous dira donc que les cendres de notre Montagne sont parvenues quelquefois jusqu'à Constantinople, jusqu'en Égypte, nous conclurons de-là qu'il y eut pour lors des vents très-puissants & très-durables, & que ce ne fut qu'un vrai coup de hazard.

Néanmoins nous ne devons point juger qu'un pareil trajet n'annonce en aucune maniére la grandeur de l'embrasement ; car dès que les cendres ne viendront pas en quantité, dès que les gouffres n'en prêteront pas sans cesse au courant du vent une abondance nouvelle, on ne pourra guéres imaginer par quelle force les mêmes cendres se soutiendront en l'air, & si long-temps, & dans un chemin si long; le fait paroîtroit assez peu vraisemblable, puisque l'expérience nous montre qu'avec quelque énorme rapidité que les vents enlevent un tourbillon de poussiere, cette poussiere sallit toujours le terrein au-dessus duquel on la voit voler. Ainsi, pour concevoir que de Naples jusqu'en Egypte la terre ait été couverte d'une trace de cendre, il faut supposer que la cendre étoit bien copieuse.

Mais comment vérifiera-t-on que les cendres d'un Incendie ont quelquefois infecté divers lieux, & même des lieux opposés les uns aux autres ?

Plusieurs causes ont pû produire ce Phénoméne, qui paroît

Z iij

d'abord surprenant. Premièrement, rien n'empêche que l'air n'ait été troublé par différents vents dans l'espace de quinze ou vingt jours, comme nous l'avons vû arriver durant notre dernier Incendie, qui pourtant n'a pas été bien long.

En second lieu, lorsque les cendres ont été portées dans un endroit par tel ou tel vent, un autre vent peut fort bien les transporter de cet endroit dans un autre pays par quelque chemin de traverse; ainsi, les cendres enlevées jusqu'au-dessus des champs Syriens, pouvoient facilement voler de-là jusqu'en Egypte, au gré d'un vent particulier qui prenoit pour lors cette même direction.

Si tout cela n'a pour cause que le caprice des vents, c'est aussi à la vigueur des mêmes vents qu'on doit attribuer le plus ou moins de célérité dans le transport des cendres jusqu'aux climats lointains. En 1631. suivant le témoignage *du Recupito*, la cendre tomba dans *Leccie* & dans *Bari* huit heures après qu'elle eut été jettée par le Vésuve. Dion raconte qu'elle n'arriva dans Rome sous le Régne de Titus que quelques jours après *l'accenfion* de la Montagne, mais néanmoins avant la nouvelle du malheureux état où notre pays se trouvoit pour lors.

Touchant le témoignage de Dion, nous obferverons qu'il se pourroit fort bien que quelques jours après la naiffance de l'Incendie, le vent eût changé; en pareil cas il n'auroit tranfporté dans Rome que des cendres pouffées premiérement vers un autre endroit; car felon toute apparence, il n'avoit pas besoin d'un terme si long pour les faire voler du Vésuve en ligne droite jusqu'à cette Capitale du Monde.

Notre conjecture paroît d'autant plus vraisemblable, qu'on peut assurer que si le vent n'est pas violent, s'il ne court pas avec une vélocité prodigieuse, jamais les cendres ne pourront se soutenir long-temps en l'air.

Avouons néanmoins qu'outre la force du vent, une autre chose peut aider nos cendres à se soutenir dans l'air ; c'est leur extrême ténuité jointe avec leur figure platte : elles sont précisément dans le cas d'une loi très-connue des Physiciens ; loi qui veut que plus les corps sont écrasés ou disposés de façon à renfermer peu de matiére sous beaucoup de superficie, plus il leur est aisé de nâger & d'être portés par un liquide souvent moins grave qu'eux-mêmes ne le font dans leur espéce. Or, cette disposition commode pour voler, nos cendres l'ont dès leur naissance, ou bien elles l'acquierent en s'engluant les unes avec les autres par le moyen de leur humeur onctueuse.

Veut-on ensuite sçavoir de quoi nos cendres sont formées ? veut-on sçavoir comment elles prennent un essor si fougueux ? Nous pouvons indiquer les sentiments du Borelli, qui discute cette matiére avec beaucoup de sagacité dans sa *Météorologie* du Mont Etna (a).

Il a recours premiérement aux cendres & au sable que les éruptions antérieures ont laissés dans la bouche du Volcan, de sorte que le canal du feu en est, pour ainsi dire, *obstrué*. Cette cendre

(a) Cap. 15.

ancienne peut fort bien, selon lui, être soulevée en l'air par la force d'une *accension* nouvelle.

Il ajoute que dans l'ébranlement universel de la Montagne, les pierres, en s'entrechoquant, peuvent se broyer, se pulvériser, & produire d'autre sable nouveau.

Il croit encore qu'une portion des matiéres fluides peut s'élancer dans les airs en pluie menue, ainsi que font les ondes lorsqu'elles vont se briser contre un écueil. Cette pluie, par sa congélation soudaine, formera quantité de grains de sable & quelques pierres plus grosses, dont le choc mutuel, que l'on conçoit absolument nécessaire dans la vivacité d'une telle opération, fournira un surcroît de poudre cendreuse, comme l'on a déja observé que la fournissent les pierres ponces &

les roches qui s'entrebattent dans les cavités des Montagnes.

Outre cela, le Borelli pense que l'air doit influer beaucoup sur *l'affaire* en question; & il propose quantité d'autres moyens très-ingénieux pour développer comment les cendres, & même les grosses pierres, peuvent être lancées des goufres du Volcan jusqu'à des distances considérables.

Les idées de cet Auteur nous suggerent deux réfléxions. D'abord nous trouvons, & cela s'accorde fort bien avec son sentiment, nous trouvons, disons-nous, qu'il ne paroît point que toutes les cendres qu'on voit jaillir du Vésuve, proviennent de matiéres nouvellement cuites dans les fournaises de la Montagne; il y a plutôt lieu de croire qu'une bonne partie des mêmes cendres est ancienne, qu'elles forment dans le Volcan une croûte intérieure, & que cette croûte s'attenue & se broie au gré de quelqu'une ou de plusieurs des causes dont le Borelli fait mention.

La réfléxion est fondée sur ce que les cendres *Vésuviennes* sont toutes grasses de bitume, toutes imbibées d'une certaine humeur onctueuse, dont aucun Historien de notre Volcan n'a négligé de rendre témoignage (*a*). On ne concevra jamais qu'un feu assez violent pour fondre, pour vitrifier le sable & les pierres, puisse leur laisser quelque onctuosité ; ne devroit-il pas plutôt la dévorer, la consumer entiérement ? Mais on conçoit fort bien que des pierres & des cendres abreuvées de cette même onctuosité pendant

(*a*) Voyez entr'autres *le Macrino, cap.* 8, *pag.* 70, *& cap.* 10, *pag.* 91.

le repos de la Montagne, peuvent être poussées en l'air par le soudain effort d'un feu qui les souleve.

L'autre observation que nous promettions tantôt, roulera sur les causes de l'élancement des cendres. Outre les différentes causes proposées par le Borelli touchant ce Phénoméne, Dion nous en fait connoître une que nous trouvons assez naturelle: sçavoir, le rejaillissement des matiéres broyées, lorsque des voûtes & des rochers viennent à s'abîmer dans le Volcan; car pour lors, tout de même que dans la chûte des vieux Edifices, un nuage de poussiére doit s'élever du fond des goufres, & offusquer l'air supérieur. Voici les paroles de l'Historien que nous citons: *Le Vésuve jette encore des cendres, quand quelque portion de ses entrailles* tombe en ruine : AD *hoc & cinerem non nunquam projicit, quoties simul aliquid subsidit.*

Maintenant nous raconterons les effets des cendres que le Vésuve lança pendant le cours de cette derniere *accension*. Il y en eut qui volerent jusqu'aux plus lointaines extrémités du Royaume ; mais où elles firent le plus de mal, ce fut aux environs de la Montagne, principalement dans *Somma*, dans *Ottajano*, & dans *Nole*. On en jugera par le précis du rapport de quelques-uns de nos Académiciens, qui le 10. & le 11. de Juin se transporterent sur les lieux pour y faire leurs observations.

Une centaine de pas avant que d'entrer dans *Somma*, ou même un peu plus loin de cette habitation, on voyoit tous les champs couverts de cendres le long du grand chemin qui vient de Naples.

Lorsqu'ensuite on entroit dans cette même habitation, elle paroissoit toute brune, à cause des cendres dont les maisons étoient masquées ; car ces cendres détrempées d'eau de pluie faisoient une pâte molle, qui en découlant de dessus les toits, s'étendoit sur les murailles, comme le suif fondu s'étend sur la chandelle.

On ne pouvoit plus voir ni le pavé, ni les hauts & bas qu'on y trouvoit auparavant ; tout étoit couvert, tout étoit applani sous un lit de gravier, de sable & de cendres. Au reste, il n'y eut point de maison abîmée.

Tous les champs voisins paroissoient de même applanis sous cette cendre, qui étant pâteuse dans sa surface, s'en alloit en morceaux lorsqu'on la frappoit.

Par-tout la cendre formoit un premier lit, sous lequel il y en avoit un autre de gravier; mais les deux lits ensemble n'étoient pas par-tout de la même hauteur. On les trouvoit de plus en plus hauts à mesure qu'on approchoit de la Montagne.

Au pied de la Montagne la cendre & le gravier avoient plusieurs palmes de profondeur; car les herbes & les arbrisseaux y étoient totalement ensevelis, & dans certains endroits on ne voyoit qu'à peine paroître l'extrémité des grands arbres.

Dans la plaine l'herbe n'étoit pas moins ensevelie sous l'amas des cendres & du gravier, les bleds étoient abattus; & une chose assez digne d'attention, c'est que les tiges les plus fortes qui s'étoient en quelque façon délivrées d'un pareil fardeau, re-
ſtoient

ſtoient toutes univerſellement inclinées de biais vers un même endroit oppoſé à la Montagne; ce qui démontroit que la cendre avoit tenu un chemin oblique dans ſa chûte, comme l'exigeoit l'impulſion qu'en effet le vent lui avoit donnée.

Généralement les feuilles des arbres étoient *riſſolées*; & quand on les frottoit dans les doigts, elles s'en alloient en pouſſiere. Les fruits ſe trouvoient à peu près dans la même ſituation, excepté que le côté où ils avoient reçu le premier choc des cendres encore bouillantes, paroiſſoit toujours plus offenſé que les autres endroits.

Nous obſervâmes que la cime des arbres les plus robuſtes n'avoit pas moins ſouffert que les tendres arbriſſeaux. Effectivement on vit quelque temps après repulluler des boutons & des jets de verdure plutôt du gros des branches que du sommet, parce que le sommet étoit mort sans ressource.

Nous observâmes encore que le plus grand dommage provenoit de la cendre la plus menue; & le mal augmenta lorsque cette cendre fut arrosée d'eau de pluie; car il s'en formoit, comme nous l'avons déja marqué, une pâte, qui s'attachant avec opiniâtreté sur les fruits & sur les feuilles, les gâtoit entiérement; au lieu que les petits cailloux & le gravier n'avoient pas le temps d'y porter la corruption, parce que leur poids les faisoit tomber bien-tôt à terre.

Ceux que nous trouvâmes les plus maltraités de tous nos arbres furent les pommiers, les poiriers & les pruniers. Après ceux-là c'étoient les peupliers, les figuiers & la vigne. Mais les orangers & les oliviers avoient beaucoup moins souffert ; leur sommet brûlé annonçoit pourtant la malignité du fléau général.

A l'égard des sorbiers, on ne voyoit point qu'ils eussent pâti ; la fermeté, ou plutôt la figure & la situation de leurs feuilles, les avoient sauvés de cet orage. Le lierre étoit dans le même cas, sans doute aussi par les mêmes raisons ; au reste, les arbres & les murailles qui lui servoient de soutien, pouvoient encore défendre sa verdure contre une grêle si terrible.

Rien ne fut meilleur pour ranimer les arbres que d'écarter la cendre qui étoit autour de leur pied, & de faire tomber celle qui chargeoit leurs branches & leurs feuillages. Faute d'un tel secours, d'autres arbres qui paroiſſoient même des plus vigoureux après la tempête, périrent au bout de quelque temps. Les ſeuls peupliers, quoiqu'on les ait crûs morts, n'ont pas laiſſé de reverdir contre tout eſpoir.

Pendant qu'elle gâtoit les arbres & les moiſſons, cette calamité publique n'épargnoit pas les animaux; non-ſeulement les uns ſouffroient de la diſette du pâturage que les cendres leur déroboient en couvrant la terre, mais auſſi d'autres plus foibles ſuccomboient ſous le poids & ſous la malignité des mêmes cendres; l'on trouvoit par-tout des oiſeaux ou morts ou mourants; les ſerpents, les lezards, & d'autres inſectes ſemblables, périſſoient encore avec plus de facilité.

Pour des hommes, nous en eûmes deux de morts dans le Territoire de Somma : sçavoir, un jeune garçon, & un autre paysan plus âgé ; ils étoient montés chacun sur un arbre, où ils cueilloient des feuilles pour leurs vers à soie ; une pluie de cendres *Vésuviennes* vint leur tomber sur le corps, & aussi-tôt ces pauvres gens tomberent eux-mêmes tout étourdis. La chûte fut si cruelle, qu'ils en moururent au bout de quelques jours. Voilà l'effet soudain de nos cendres, effet qui mérite bien d'être remarqué ; elles abasourdissent, elles troublent quiconque s'en laisse frapper à tête nue.

Cette pluie de cendres n'a point fait de tort aux veines d'eau qui étoient à couvert. Mais comme rien n'empêchoit la même cendre de tomber dans les citernes & dans les bassins, l'eau qui s'y étoit ramassée contracta quelque amertume ; au reste, cette amertume ne dura que quelques jours.

Dans *Ottajano* l'orage fut terrible ; car outre les cendres, le Volcan y jetta quantité de gravier & de pierres aſſez groſſes, tellement qu'en différents endroits on en trouvoit juſqu'à trois, quatre & cinq palmes d'épaiſſeur, & quelquefois encore plus.

Sous un ſi peſant fardeau les toits de pluſieurs maiſons s'abîmerent ; trois Religieuſes périrent au milieu des ruines de leur Couvent ; une autre eut les jambes caſſées.

Autour *d'Ottajano* les arbres étoient moins maltraités qu'autour de *Somma* ; la raiſon en eſt que dans le territoire *d'Ottajano* ils avoient d'abord été dépouillés de toute leur verdure par une épaiſſe grêle de pierres & de gros gravier. Les cendres vinrent en suite; mais ne trouvant presque plus de place pour s'arrêter sur eux, elles ne les endommagerent qu'assez médiocrement. Ils rebourgeonnerent bien-tôt, & bien-tôt nous les vîmes parés de feuilles nouvelles. Cependant la campagne demeura si surchargée des matiéres qui la couvroient, qu'on ne pouvoit espérer de la cultiver qu'avec beaucoup de temps & beaucoup de fatigue.

Et dans *Nole* & aux environs de *Nole* nous trouvâmes les choses à peu près sur le même pied. Il n'y avoit pourtant point de maisons qui fussent tombées en ruine; mais en revanche presque toutes les vîtres des fenêtres exposées aux coups de cette grêle avoient été cassées par le choc des petites pierres, ni plus ni moins que dans *Ottajano* & dans *Somma*, où il ne resta de vîtrages entiers que ceux qu'on put mettre à couvert.

Paſſé deux milles au-delà de *Nole*, il s'en falloit bien que les cendres fuſſent tombées en ſi grande quantité, ni qu'elles euſſent cauſé autant de dommage que dans les trois endroits dont nous venons de rendre compte. Au ſurplus, avant que d'achever ce détail, nous remarquerons que les fruits, & notamment les ceriſes gâtées par cette cendre, devinrent funeſtes aux gens qui en mangerent ; car elles leur ſuſcitoient des diarrhées & même des fiévres.

Diſons préſentement quelque choſe des pierres conſidérables que notre Volcan jetta en l'air au fort de ſa fureur.

Après ce que nous venons d'avancer touchant la cendre & le ſable, on concevra ſans peine comment des pierres beaucoup plus

plus grosses ont été lancées en l'air, comment à proportion de leur poids & de leur figure elles sont tombées les unes plus près, les autres plus loin de la Montagne, enfin de quelle matiére elles sont composées.

Que ces pierres-là ne soient pas nées telles dans le sein de notre Montagne, mais qu'elles soient plutôt des concrétions qui proviennent d'autres matiéres précédemment fondues, vitrifiées ou calcinées, on ne doit point le révoquer en doute. La chose est si palpable, que Vitruve (a) même en étoit persuadé dans un siécle où l'on avoit fait beaucoup moins d'observations qu'à présent. Nous voyons qu'en parlant des pierres-ponces qu'on trouvoit dans le Territoire de *Pompeï* auprès du Vésuve, cet Ecrivain ne

(a) Lib. 2. cap. 6.

les prend que pour des restes de matiéres métamorphosées par la violence du feu. Voici son expression: *Ideoque quæ nunc spongia, sive pumex Pompeïanus vocatur, excoctus ex alio lapide in hanc redactus esse videtur generis qualitatem.*

Dès-lors, suivant le même Ecrivain, l'on donnoit le nom *d'éponge* aux pierres dont il s'agit, & c'étoit avec quelque fondement; car elles sont criblées de toutes parts comme les éponges; l'unique différence est dans la dureté, dans la couleur & dans le poids, sans quoi on les prendroit pour des éponges véritables.

Nos Architectes font grand cas de ces pierres spongieuses pour la construction des voûtes, tant à cause de la légereté des mêmes pierres, que parce qu'elles reçoivent intimement la chaux

& l'humidité, deux points d'où naît la solidité des Edifices. Voilà sur quoi Vitruve se fonde, lorsque dans l'endroit qu'on vient d'indiquer tout à l'heure, il recommande avec tant d'éloges, pour la perfection & pour la durée du maçonnage, la terre de Pouzzol & les autres matériaux que nous fournissent les environs de notre Volcan.

Au surplus, toutes les pierres qui s'élancent du bassin de notre Montagne, ne se ressemblent pas; elles différent souvent en gravité, en couleur & en tissure. Cette différence provient, comme nous l'avons déja insinué dans un autre endroit, ou de l'inégalité du feu, ou de la variété des premiers éléments, qui par leur assemblage ont formé telle & telle pierre.

Autre différence. Il y a telle de ces pierres que l'on ne prendroit point pour une concrétion de matiéres liquéfiées par le feu, mais plutôt pour des roches, pour des cailloux formés primitivement dans les carrieres de la Montagne ; au moins peut-on assurer que si elles proviennent de quelque *accension*, c'est depuis un temps immémorial. Car leur dureté, leur couleur, & la douceur de leur surface ne sympathisent point du tout avec des matiéres fraîchement consolidées.

Parmi toutes les pierres que nos *accensions* font voler autour du Volcan, l'on en trouve quelques-unes de consistence moyenne, c'est-à-dire, qui ne sont ni absolument spongieuses, ni d'une densité complette. Lorsqu'on les met en poudre, elles forment un sablon noirâtre, lucide & transparent; il n'y a pour s'en convaincre qu'à l'examiner avec le microscope.

De l'observation précédente nous tirons une conséquence touchant la poudre lucide & noirâtre qu'on nous apporte des rivages de *Procida* & *d'Ischia*, pour jetter sur l'écriture : poudre qui ne differe nullement d'avec celle que M. Geoffroy trouva dans la campagne de Rome.

Nous jugeons donc que cette poudre n'est qu'une raclure, un broiement subtil des pierres de consistence moyenne, dont nous venons de parler. L'agitation perpétuelle des flots, ou diverses causes équivalentes, peuvent fort bien en faire du sable. Nous croyons encore qu'en quelque lieu qu'on trouve du sable pareil, on doit inférer qu'anciennement dans le même endroit, ou dans le voisinage, la terre & d'autres matériaux propres à cette *besogne*, ont été transformés & vitrifiés par des *accensions* furieuses. Notre *Thomas Cornelio* étoit du même sentiment; car on voit qu'ayant trouvé du sable en question sur la côte d'Echia, il ne doute point qu'autrefois elle n'ait essuyé des Incendies naturels aussi-bien que les deux Isles *d'Ischia* & de *Procida*, si fécondes en gravier de cette espéce.

M. Geoffroy & l'illustre *Pierre-Antoine Micheli* (a) ne sont pas moins d'accord avec nous. Le dernier trouva du sable de cette nature & d'autres monuments pareils sur le Mont *Radicofani* en Toscane, & il en conclut qu'il y avoit eu là quelque Volcan dans des temps très-reculés. Nous ne sçaurions comprendre après cela

---

(a). Voyez son Eloge imprimé à Florence en 1737. pag. 19. Voyez aussi le tome 8. des *Opuscules Philosophiques*, Leçon 2. *sur le tremblement de terre*, pag. 45.

sur quoi l'Abbé Bourdelot (a) fondoit son opinion, lorsqu'il jugeoit que la poudre que les Juifs vendent dans Rome pour mettre sur l'écriture, n'étoit autre chose que du verre commun, qui par une longue suite de siécles s'étoit trituré jusqu'au point d'être métamorphosé en sable luisant. Cette poudre assurément ne provient que des matiéres vitrifiées dans le sein des Montagnes qui jettent du feu. Notre observation & l'autorité des sçavants Physiciens qui la favorisent, ne nous laissent aucun doute.

(a) *Recherches & observations naturelles.* Let. 8. *pag.* 71.

CHAPITRE VI.

Sur les Mofetes causées par l'Incendie du Vésuve.

SI dans quelque endroit du monde le terme de *Mofete* paroît nouveau, s'il y a des gens qui n'en ont pas une juste idée, assurément ce n'est point dans Naples. Nous avons l'ouvrage du sçavant Leonard de Capoue, qui éclaire nos Naturalistes sur ce sujet; & notre peuple, même le plus grossier, connoît au moins l'écorce du Phénoméne en question; car nous n'avons personne qui n'ait vû ou qui n'ait entendu dire quelle est la propriété de la fameuse *grotte du chien* qu'on trouve sur le bord du Lac *d'Agnano*, entre Naples & Pouzzol.

On méne un chien dans cette petite grotte, on lui tient la tête basse, & bien-tôt on le voit battre des flancs & halleter, comme font tous les animaux, dont une cause puissante empêche la respiration; il s'évanouit peu de temps après; enfin, si l'on ne le met pas promptement au grand air, il meurt au bout de quelques minutes en jettant quantité de bave, & en manifestant sa souffrance par des mouvements convulsifs.

Tout autre animal essuiera le même sort, pourvû qu'on lui tienne la tête basse, & le museau précisément dans la sphere, où s'étend l'activité de l'exhalaison qui produit un effet si cruel.

Tant qu'un homme se tiendra debout dans la grotte, il respirera facilement; mais s'il se baisse, & s'il plonge sa tête dans l'exhalaison, il en sera la victime. On le verra expirer avec les mêmes accidents qu'essuieroit le chien, ou tel autre animal qu'on auroit choisi. Toute la différence consisteroit dans une mort plus ou moins soudaine, plus ou moins douloureuse; la vigueur du tempéramment & la constitution des organes en décideroient.

Voilà une *Mofete*. Nous en avons d'autres dans le voisinage de Naples, & dans diverses contrées du Royaume; il s'en rencontre aussi ailleurs, selon quelques Historiens & quelques Géographes cités par Léonard de Capoue (*a*).

Les *Avernes* peuvent fort bien passer pour des espéces de *Mofetes*; car les Grecs ne donnoient aux *Avernes* le nom d'*Aornes* (*b*),

___
(*a*) Dans l'introduction *aux Leçons sur les Mofetes*.
(*b*) C'est-à-dire, *un endroit sans oiseaux*, un

que parce qu'il en sort une exhalaison qui tue tous les oiseaux que le hazard fait voler dans l'air, où elle se répand.

Définissons d'abord les *Mofetes*, pour répandre sur cette matière toute la clarté qui dépendra de nous. Nous appellons *Mofete* une exhalaison qui fait mourir subitement les animaux, & qui n'éteint pas moins subitement la flamme, non par puanteur, non par froid, ni par chaud, ni par d'autres qualités manifestes, mais par une cause occulte, que nos sens ne sçauroient discerner.

Nous disons que sur le champ cette vapeur éteint la flamme; effectivement dès qu'on met un flambeau bien allumé dans l'athmosphere d'une *Mofete*, il s'éteint avec autant de célérité que

lieu d'où les oiseaux s'éloignent, & où ils ne sçauroient passer impunément.

si on le plongeoit dans l'eau.

Suivant l'opinion des Naturalistes, les *Mofetes* se trouvent ordinairement dans les endroits où la Terre cache différents minéraux ; & de-là vient qu'elles sont fréquentes dans les Provinces infestées par des Montagnes qui jettent du feu. Aussi voyons-nous que ces exhalaisons malignes ont souvent régné dans les environs de notre Volcan. Léonard de Capoue nous l'atteste, & nous pourrions en donner bien d'autres preuves.

Il y a des *Mofetes* permanentes qui conservent toujours le même dégré d'extension avec la même efficacité. Il en est d'autres qui, sortant de terre dans quelques rencontres, s'évanouissent peu de temps après.

Nous rangeons dans cette derniére classe les exhalaisons qui surprennent quelquefois nos Ouvriers en creusant la terre ; car ils courroient grand risque de perdre la vie, s'ils ne s'éloignoient promptement ; mais bien-tôt l'exhalaison s'évapore, & ils retournent à leur travail sans aucun danger. C'est un fait qu'on voit souvent arriver autour de Naples, ainsi que l'ont observé plusieurs de nos Ecrivains, & entr'autres *Thomas Cornelio* (a).

Pour ne point passer les bornes de notre sujet, nous ne dirons rien d'une autre espéce de *Mofetes* qu'on pourroit nommer des *Mofetes* artificielles, comme l'exhalaison du vin doux, lorsqu'il bouillonne dans la cuve, l'exhalaison de plusieurs minéraux mêlangés par les Chymistes, celle du charbon allumé, enfin celle

(a) Dans son Progymnasme DE SENSIBUS, que nous avons déjà cité.

qui corrompt l'air, quand on le tient renfermé long-temps dans un petit espace.

Notre sujet ne veut pas même que nous traitions de toutes les *Mofetes* naturelles. Nous n'examinerons positivement que les *Mofetes* suscitées autour du Vésuve par le dernier Incendie; nous en détaillerons les effets, & nous joindrons nos observations à ce détail; mais nous ne nous jetterons point dans la recherche des causes d'un Phénoméne si surprenant. Quelques-uns de nos Ecrivains en ont parlé d'une maniére assez diffuse; chacun en jugera selon son goût & suivant ses lumiéres.

Au surplus, *Léonard de Capoue* ne traite pas précisément des mêmes *Mofetes* que nous allons examiner; car ou cet Auteur parle des *Mofetes* permanentes, comme effectivement nous en avons quelques-unes, sur-tout dans nos puits; ou bien il veut parler des *Mofetes* nouvelles & soudaines qu'on découvre en creusant la terre, telles qu'il y en a dans Naples au quartier de *Lucullus*, selon le rapport de *Thomas Cornelio*.

Preuve qu'ici nous n'avons pas le même objet que *Léonard de Capoue*, c'est que dans le temps des *accensions*, les *Mofetes* dont il tâche d'expliquer la nature, perdent, suivant son propre témoignage, beaucoup de leur force, comme si le feu voisin absorboit ou dissipoit leur matière. Or, il est certain que les *Mofetes* dont nous voulons parler, sont dans un cas tout différent; car quelques jours après le premier élancement du feu, elles déboucherent autour de la Montagne dans mille & mille endroits, où il n'y avoit jamais eu d'exhalaifons pareilles, au moins depuis un grand nombre d'années.

Ces exhalaifons étoient afurément de vraies *Mofetes*, & des *Mofetes* très-violentes dans leur efpéce; nous nous en fommes convaincus par diverfes expériences que nous aurons foin de rapporter.

Une chofe que l'on doit remarquer, c'eft que les *Mofetes* en queftion ne jaillirent point le long du nouveau Torrent; elles n'infefterent, au moins en général, que les contrées, où l'on voit encore de grands reftes des *Lavanges* émanées du Véfuve pendant l'embrafement de 1631.

Remarquons, outre cela, qu'on ne doit pas prendre pour des *Mofetes* les exhalaifons de fumée chaude que l'on voit fortir *d'une Lavange* par plufieurs foûpiraux,

pendant

pendant qu'elle est encore toute embrasée, toute pleine de minéraux *accensibles*.

La différence est grande ; une vraie *Mofete* ne frappe ni le nez, ni même ordinairement les yeux ; elle ne s'annonce que par la malignité de ses effets. Au contraire nos fumées sont visibles, même d'assez loin ; on les sent, & leur odeur n'incommode en aucune maniére, ou ne cause du moins que très-peu de peine ; encore trouve-t-on des personnes qui croient cette odeur capable de fortifier les esprits, & de faire quelque bien à la poitrine, comme les Médecins le pensent généralement de tout air chargé d'exhalaisons sulfureuses.

Plusieurs indices dénonçoient les *Mofetes* à nos Paysans ; tantôt c'étoit le mouvement des herbes agitées par l'exhalaison ; mais ce premier indice n'éclatoit qu'auprès de quelques soûpiraux, d'où la vapeur sortoit avec rapidité; tantôt c'étoient les plantes d'alentour; leurs feuillages riffolés accufoient le venin qui les defféchoit; quelquefois c'étoient des oifeaux, des lézards, & différentes petites bêtes que l'on trouvoit mortes les unes à côté des autres.

L'œil découvroit en quelque façon les *Mofetes* fur le bord des puits; car il n'y avoit qu'à regarder bien fixement, on voyoit, pourvû que le Soleil ne donnât qu'une lumiére médiocre, on voyoit, difons-nous, s'élever un nuage prefque imperceptible; une fumée ondoyante, dont les vibrations paroiffoient courtes & interrompues.

C'étoit comme l'efpéce de fumée qu'exhale un brazier tout

rouge, qui directement exposé aux traits de la lumiére, ne manque pas de jetter tant soit peu d'ombre à l'opposite.

L'on trouvoit des *Mofetes* dans tous les puits, & dans toutes les caves; aucun quartier n'étoit éxempt d'un pareil fléau, si l'on en excepte les quartiers, où il n'y avoit point d'anciennes *Lavanges* cachées sous terre.

Outre cela nous observâmes que les *Mofetes* ne transpiroient point au travers d'un terrain bien battu, (*a*) beaucoup moins encore au travers des masses de nos torrents, quand ces masses étoient totalement consolidées, totalement liées dans leurs parties.

Mais les mêmes *Mofetes* passoient fort bien entre les pierres

( ) Léonard de Capoue, *loc. cit.* pense differemment à l'égard des autres *Mofetes*, nous ignorons si son opinion est bien ou mal fondée.

désunies, qui ont coutume d'accompagner les *Lavanges*, & d'en rompre la liaison. Cette *discontinuité* formoit des soûpiraux d'où la vapeur jaillissoit facilement au grand air.

De ces *Mofetes*, les unes avoient des soûpiraux larges & très-sensibles, d'autres sembloient n'en point avoir; il est pourtant croyable qu'elles n'en manquoient pas.

Auprès des soûpiraux les plus larges, tels qu'il s'en trouvoit un dans *Pugliano*, derriére l'Eglise de *Sainte Marie*, & un autre dans l'endroit nommé *Trentola* sur le bord du chemin, on reconnoissoit d'abord le courant de la *Mofete*, non seulement parce qu'on voyoit tremblotter les herbes d'alentour, mais encore parce qu'en mettant la jambe ou la main contre l'embouchure, l'on sentoit le coup de l'exhalaison, tout de même que si c'eût été le souffle d'un Zephire assez vigoureux.

Dans chaque *Mofete* le mouvement de l'exhalaison tendoit en bas, & suivoit les mêmes loix, qui auroient réglé le cours de toute autre liqueur plus matérielle.

Par cette raison, lorsqu'une *Mofete* jaillissoit du tuyau d'un Puits creusé au travers d'une ancienne *Lavange*, l'exhalaison se jettoit d'abord sur l'eau ; ensuite, quand l'espace inférieur étoit plein, la même exhalaison commençoit à se soulever au-dessus de sa source ; enfin elle se gonfloit jusqu'au point d'atteindre l'embouchure du puits, d'où elle se répandoit bientôt à terre ; & à terre elle se dissipoit.

Voici un trait qui confirmera l'observation que nous venons de donner. Il y avoit une *Mofete* dans un puits ; ce puits communiquoit avec une cave par le moyen d'une fenêtre; cette fenêtre étoit à beaucoup de palmes au-deſſus de l'eau, & à peu de palmes au-deſſous de la bouche extérieure: maîtriſée par une telle diſpoſition, la *Mofete* ne put jamais gagner le bord du puits pour ſe répandre au grand air; elle ſe jettoit dans la cave, & s'y perdoit entiérement.

Autre obſervation qui montre bien clairement que les *Mofetes* tendoient toujours en bas, du moins lorſqu'elles pouvoient le faire. La *Mofete*, qui étoit dans *Pugliano* derriere l'Egliſe de *Sainte Marie* s'étendoit en raſant le terrein juſqu'à dix ou douze pas. Nous fîmes dans ce contour l'expérience ordinaire avec un flambeau allumé, & nous trouvâmes que l'exhalaiſon s'étoit déja perdue ſur le plein-pied du champ, car le flambeau ne s'y éteignoit point, mais il s'éteignoit d'abord dans quelques foſſés, qui n'avoient qu'une palme de profondeur; les oiſeaux y mouroient auſſi.

Maintenant nous tirerons de cette obſervation une conſéquence que nous croyons aſſez naturelle. Lorſqu'un Fleuve trop plein ſe répand hors de ſon lit, l'eau qu'il laiſſe dans les Campagnes s'écoule bien-tôt, ou par la *déclivité* des lieux, ou par l'impétuoſité du vent; bien-tôt on voit le terrein eſſuyé dans ſa ſurface, comme avant l'inondation; il ne reſte de l'eau que dans les foſſés.

Tout de même lorſque cette *Mofete* de *Pugliano* couroit autour de ſon ſoupirail, le vent pouvoit fort bien diſſiper la portion d'exhalaiſon qui raſoit le plein-pied de la terre; mais les vapeurs qui tomboient dans des foſſés, s'y maintenoient assez long-temps.

Néanmoins, quand nous disons que les *Mofetes* tendent toujours en bas, comme font les autres liqueurs, on ne doit prendre cela qu'avec quelque modification; car enfin les *Mofetes* ne sont point d'une gravité à se jetter sur la terre par le chemin le plus court, ainsi qu'en useroient d'autres fluides plus pesans.

En vertu de cette différence, l'exhalaison s'élevoit jusqu'à la hauteur d'une palme, ou même un peu davantage, au-dessus du bord des puits; de-là elle se courboit, elle descendoit, non par une perpendiculaire qui rasât le mur, mais par une oblique doucement inclinée vers le sol.

L'expérience nous démontroit cette vérité, car nous voyions les flambeaux s'éteindre à une palme, & à plus d'une palme au-dessus

dessus du bord des puits; mais les mêmes flambeaux gardoient tout leur éclat, lorsqu'on les mettoit contre le pied du mur.

Avec le secours de l'observation précédente, on concevra sans peine qu'autour des puits l'exhalaison terminoit une espace triangulaire, qu'elle n'infestoit point; cet espace triangulaire avoit deux côtés droits, l'un formé par le mur, l'autre formé par le sol; pour le troisiéme côté, c'étoit une courbe que la vapeur décrivoit en tombant.

Les *Mofetes* obéissent aux haleines du vent; elles prennent diférentes routes selon que le vent l'ordonne; nous le remarquâmes plusieurs fois sur les lieux. Par-là il arrivoit qu'un flambeau conservoit sa clarté dans un espace de terre, où la *Mofete*, qui sortoit d'un puits venoit d'éteindre un autre flambeau. Le changement du vent étoit la cause de cette variation; & cette même variation faisoit que, tantôt d'un côté, tantôt d'un autre, l'on pouvoit s'approcher des bords du puits, avec moins de danger.

La qualité de l'air influoit aussi sur l'activité des *Mofetes*. Dans un air tranquille & comprimé, l'exhalaison se maintenoit ramassée en soi-même, & sa malignité en devenoit plus pernicieuse. De-là vient que pendant la nuit, au point du jour, & vers le soir, les *Mofetes* étoient plus à craindre qu'en tout autre temps; elles étoient aussi plus redoutables quand la bise souffloit légérement; au contraire, lorsque l'air étoit raréfié par l'ardeur du Soleil, ou par les vents méridionaux, l'exhalaison perdoit quelques degrés de force.

En général, lorsque les *Mofetes* s'épanchoient dans un air libre & rompu par les vents, elles s'affoiblissoient, & on les trouvoit bien-tôt dissipées. Il n'en étoit pas de même dans les caves, non plus que dans d'autres endroits bien clos ; mais dans les vallées spécialement, l'exhalaison parcouroit quelquefois au gré du vent un grand espace de terrein sans aucune diminution sensible de sa vigueur.

A s'en rapporter au témoignage de la main, nos *Mofetes* les plus impétueuses étoient entiérement froides ; la liqueur du Thermométre sembloit confirmer ce témoignage, en baissant d'une maniére sensible dans leur sphere d'activité.

Néanmoins on ne pouvoit guéres s'assurer des dégrés de ce froid. Nous tentâmes bien l'observation à deux diverses reprises; mais comme le Soleil étoit très-chaud, la liqueur ne manquoit pas de baisser, dès qu'on plaçoit l'instrument dans un endroit caché aux rayons de cet Astre, soit qu'il y eût une *Mofete*, soit qu'il n'y en eût point.

Quand une *Mofete* au contraire étoit frappée par les rayons du Soleil, la chaleur de l'Astre dissipoit bientôt le froid de l'exhalaison; or dans cette position-ci, tout de même que dans l'autre, les *Réponses* du Thermométre étoient nécessairement accompagnées d'incertitude.

Curieux de sçavoir si cette espece de vapeur feroit quelque impression sensible sur le Barométre, nous en plaçâmes un dans le courant d'une *Mofete* des plus fortes, *& il n'en témoigna aucun ressentiment.* L'observation fut tentée deux fois ; toutes les deux fois elle eut la même réussite.

Une autre fois nous liâmes bien le cou d'une vessie, qui n'étoit qu'à moitié pleine d'air, & nous la posâmes dans le sein d'une *Mofete*. L'expérience ne fut pas féconde en événements; la vessie ne se gonfla point, elle ne se resserra point non plus, en un mot, elle ne donna aucune marque d'émotion.

Autant qu'il nous fut permis d'en juger en gros, les *Mofetes* n'avoient nul mélange d'humidité; une chose bien positive, c'est que l'Hygrométre consulté sur ce point, ne nous annonça ni humidité, ni sécheresse.

Que l'exhalaison des *Mofetes* soit fatale & aux hommes & aux animaux, plusieurs expériences nous l'ont prouvé. Un Frere Augustin entra sans précaution dans une Cave de son Couvent, & il y trouva la mort, parce qu'il y avoit dans cette cave une *Mofete* des plus vigoureuses. Un autre Frere auroit eu la même destinée, s'il n'étoit survenu quelqu'un qui le tira de-là, & qui lui donna du secours. Un Vieillard tomba évanouï dans une vallée, toute pleine de pareilles vapeurs ; on accourut, on l'emporta de cet endroit vraiment redoutable, sans quoi c'étoit fait de sa vie.

Non seulement cette exhalaison suffoquoit de petites bêtes, comme des lézards, des rats, des oiseaux, mais elle tuoit aussi d'autres bêtes d'une grandeur beaucoup plus considérable, témoin quelques brebis, & quelques chévres, qui moururent dans le courant d'une *Mofete* ; ce qui arrivoit, parce que l'animal tomboit tout abazourdi, comme si une violente douleur de tête l'eût accablé : or en restant dans une semblable situation, il ne pouvoit éviter de périr.

De plus, les *Mofetes* causerent beaucoup de dommage dans la campagne. On voyoit les herbes, les vignes, les peupliers, les figuiers, & d'autres grands arbres, tomber d'abord en langueur, puis enfin se dessécher, soit que le poison attaquât les racines, soit que les feuillages seuls en ressentissent l'atteinte.

Pour parler sainement, nous avons lieu de croire que la malignité des *Mofetes* produit sur les plantes, les deux effets que nous venons de distinguer; car il arrivoit quelquefois qu'on voyoit languir des feuilles exposées au contact de l'exhalaison, pendant que d'autres feuilles demeuroient fraîches & vives, parce que l'exhalaison ne les frappoit point. D'autresfois, quoique la *Mofete* ne touchât les feuillages en aucune maniére, toute la plante ne laiſſoit pas de perdre ſa vigueur & ſa beauté, par l'influence d'une contagion occulte, qui ſans doute empoiſonnoit les racines.

Si le premier effet n'offre rien d'étrange, le dernier n'eſt guéres moins palpable. Tous nos Napolitains ſçavent qu'autour du Véſuve, les arbres ſont ordinairement plantés dans le ſein des *Lavanges* anciennes, que l'on eſt contraint de briſer pour donner lieu à la plantation. Cela ſuppoſé, puiſque les *Mofetes* courent dans les creux des *Lavanges*, l'exhalaiſon peut fort bien offenſer les racines d'un arbre, & rien n'empêche que des racines le mal ne gagne toutes les autres parties du corps.

Comme les Puits de Portici ſont pour la plûpart creuſés au

travers des *Lavanges*, les *Mofétes* infecterent presque toutes les eaux de ce canton ; elles n'épargnerent précisément que les puits placés dans des endroits, où il n'y avoit point de torrents du Vésuve, ainsi que nous l'avons déja remarqué plus haut.

Lorsqu'on goûtoit de cette eau gâtée, on la trouvoit acide, piquante & désagréable : non seulement les hommes n'en vouloient point boire, parce qu'ils en craignoient quelque effet pernicieux, mais les bêtes s'en éloignoient aussi.

Franchement nous ignorons si un pareil breuvage auroit causé la mort, ou fait du moins quelque tort à la santé, mais nous avons sujet de croire que non. En premier lieu, parce que les plantes de nos jardins long-temps arrosées de cette eau, n'ont jamais témoigné qu'elles en ressentoient le moindre mal : en second lieu, parce qu'il n'est guéres consequent de juger qu'une exhalaison qui tue, lorsqu'on la respire, fasse la même chose quand on l'avale mêlée avec les alimens. Plusieurs poisons fourniroient des exemples du contraire. Joignons à tout cela un trait que nous offre l'Histoire de l'Académie des Sciences de Paris (*a*). Il y avoit dans la Ville de Rennes un puits occupé par une *Mofete* très-violente, on en buvoit pourtant l'eau sans aucun danger.

Aussi-tôt que la malignité des *Mofetes* fut divulguée dans Naples, & dans les contrées voisines, le peuple s'en allarma, il craignoit qu'elles n'infectassent l'air (*b*).

(*a*) *Ann.* 1701.
(*b*) On sçavoit pourtant bien que Léonard

Toujours attentif au repos de ses sujets, le Roi notre Seigneur voulut sçavoir si leur crainte étoit bien fondée. Les Députés de la santé furent chargés d'examiner les *Mofetes* avec l'assistance des Médecins, & d'en faire promptement un fidéle rapport. Deux de nos Académiciens eurent l'honneur d'être nommés pour cette commission.

On fit diverses observations, que l'on combina scrupuleusement avec le témoignage des Paysans les mieux informés. Le résultat de l'examen fut que les *Mofetes* n'incommodoient personne, pourvû qu'on n'allât pas les braver jusques dans leur athmosphere. On avoit déja l'expérience d'un mois entier sur ce

---

de Capoue avoit décidé qu'on ne doit jamais craindre un semblable malheur de la part des *Mofetes. loc. cit.*

point, c'en étoit bien assez pour calmer toutes les inquiétudes ; enfin l'assurance & la tranquillité renaquirent , d'autant plus que les *Mofetes* s'affoiblissoient de jour en jour , & qu'elles promettoient d'abandonner bientôt le champ de bataille, comme effectivement elles l'abandonnerent peu de tems après.

Pour ne rien oublier dans ce chapitre, nous le conclûrons en rapportant diverses expériences que nous fîmes sur les *Mofetes*. Nous nous appercevions de leur force, & de leur étendue par le secours des flambeaux allumés que nous portions devant nous. Ces flambeaux, dès que nous entrions dans la sphere d'une *Mofete*, s'éteignoient en un instant, & jettoient de la fumée, qui suivoit le courant de l'exhalaison.

Assurés pour lors qu'il y avoit

là une *Mofete*, nous mettions des poulets, des pigeons & d'autres oiseaux dans son athmosphere; leur respiration paroissoit d'abord offensée; on les voyoit se débattre vivement, comme pour s'échapper d'un endroit si dangereux, ensuite toute leur vigueur les quittoit au bout de deux minutes, ou quelquefois un peu plus tard; & l'on eût dit qu'ils s'abandonnoient à la mort.

Mais lorsque dans cet état nous les mettions au grand air, ils rappelloient peu à peu leurs forces, & reprenoient enfin toute la santé dont ils joüissoient (*a*) auparavant. Lorsqu'au contraire nous les laissions dans le courant de la

(*a*) Pour faire promptement revenir les animaux, lorsqu'on les a retirés de l'athmosphere d'une *Mofete*, il faut, si l'on en croit Léonard de Capoue, les suspendre la tête en bas. Nous craignons que cette expérience-là ne soit pas bien sûre.

Mofete, c'étoit autant de morts après deux ou trois minutes de plus.

Telle étoit fur des oiseaux assez grands & assez robustes la réussite de l'expérience dans des *Mofetes* qui n'avoient qu'une efficace médiocre. Mais deux pigeonneaux moururent au bout d'une minute, ou tant soit peu plus tard, dans un fossé, qui n'étoit infecté que d'un reste d'exhalaison considérablement affoiblie, car elle avoit fait une longue course dans les champs.

Quand ces différents oiseaux furent morts, nous les fîmes ouvrir. Leurs chairs paroissoient presque livides, & il s'étoit amassé dans leur gosier une espece de bave, une matiére séreuse & gluante.

Faite sur des chiens, l'expérience réussissoit de même, si ce n'est que les chiens mouroient plus difficilement. Nous en mîmes un au déboucher de la violente *Mofete*, qui s'élevoit dans le canton nommé *Trentola*, l'animal étoit vigoureux, il paroissoit de moyen âge ; on lui lia les pieds, & on lui tint le museau tourné vers le courant de l'exhalaison.

Au bout d'une minute & demie, ce chien tomba dans un étourdissement profond. Alors sans que nous l'arrêtassions davantage, il resta de lui-même dans l'attitude où nous l'avions placé. Il battoit des flancs, il renifloit avec effort, l'urine lui échappa deux fois, enfin il cessa de vivre après sept minutes & demie de tourments.

Nous lui trouvâmes les chairs universellement livides, comme l'auroient été celles d'un animal mort depuis plusieurs jours ; il avoit les poulmons mollasses, & les ventricules du cœur tout dénués de sang, pendant que les veines en regorgeoient. On remarqua qu'il avoit bien jetté de la bave, mais point d'écume (*a*). Nous jugeâmes qu'il n'en seroit pas moins mort; quand même on l'auroit éloigné de l'exhalaison au bout de quatre minutes; car dès la seconde minute, il avoit témoigné par des symptomes très-clairs qu'il étoit cruellement lézé dans la respiration & dans les autres fonctions du corps.

Nous fîmes aussi des expérien-

___

(*a*) Faisons, en passant, une remarque, dont Léonard de Capoue nous fournit la matiére. Il accuse Campanelle de s'être trompé, parce que Campanelle a dit que les animaux placés dans le courant d'une *Mofete* jettoient de l'écume; effectivement si l'on prend l'écume pour de la salive *fouettée*, & toute entremêlée d'air, ils n'en jettent point; mais ils vomissent de la bave en grande quantité, c'est de quoi nous sommes témoins.

ces sur les eaux gâtées par les *Mofetes*. On y jettoit différents poissons. L'infection leur causoit sans doute quelque peine ; car ils nâgeoient avec une vivacité surprenante ; ils s'agitoient d'une maniére furieuse, & mettoient souvent la tête hors de l'eau, tenant leur muzeau à l'air autant qu'il leur étoit possible : chose qu'ils ne faisoient point dans de l'eau nette & pure.

Les anguilles & les grenouilles sembloient supporter le tourment avec plus de vigueur; mais pourtant elles s'abandonnoient enfin comme mortes, & on les voyoit surnâger le ventre en haut. La même chose arrivoit aux vives, & à d'autres poissons de toute espéce.

Cependant, soit que l'eau s'épurât, & que la contagion s'évanouît peu à peu ; soit qu'une autre cause décidât du sort de nos poissons, aucun n'en mourut, excepté deux ou trois anguilles. Tous paroissoient bien morts; mais lorsque nous les remettions dans une eau saine, nous les voyions se ranimer au bout de quelques instants.

Il y eut même des grenouilles fraîchement écloses qui, malgré la délicatesse de leur compléxion, ne laisserent pas de reprendre courage dans l'eau nette, quoiqu'elles eussent paru mortes d'assez bonne heure dans l'eau infectée où nous les avions tenues fort long-temps. Mais nous ne devons point dissimuler que quand nous fîmes cette derniére expérience, les *Mofetes* étoient considérablement affoiblies : ainsi l'eau que nous employâmes n'avoit qu'une très-légere teinture de venin.

Pendant que nous faisions ces différentes épreuves, un doute s'éleva dans notre esprit. Nous balancions sur un point, qui étoit de sçavoir si l'infection pénétroit l'eau toute entiére, ou bien si elle n'en occupoit que la surface.

Ayant flotté quelque temps dans l'incertitude, nous jugeâmes que, comme certaines parties de l'air pénétrent la profondeur de l'eau, les *Mofetes* pouvoient fort bien faire la même chose, & susciter par conséquent dans le liquide une corruption générale. Ce mauvais goût, que toute l'eau nous offroit également, favorisoit assez notre conjecture.

Persuadés que les puits, qui communiquoient avec d'anciennes *Lavanges*, ont été seuls gâtés par les *Mofetes*, nous proposons un expédient pour empêcher qu'à l'avenir cette contagion ne vienne troubler le repos du peuple.

Dès le premier coup d'œil on voit bien qu'il ne faut que fupprimer cette communication avec *les Lavanges*; or, pour la fupprimer, le meilleur moyen feroit d'encroûter du haut jufqu'en bas le dedans des puits, en mettant fur les parois une bonne couche d'excellent ftuc. Alors tous les canaux, tous les conduits fouterrains des *Mofetes* fe trouveroient bouchés, & l'exhalaifon n'ayant point d'iffue, pourroit laiffer l'eau dans fa pureté ordinaire.

Voilà tout ce que nous avons obfervé fur les *Mofetes* qui fuivent les éruptions du Véfuve, & qui s'évanouiffent quelque temps après. Nous fommes étonnés que jufqu'à préfent aucun Ecrivain n'en ait fait mention; car les *Mofetes* ou durables, ou paffageres, qui figurent dans le Traité de Léonard de Capoue, ne font nullement, comme nous l'avons déja remarqué une autre fois, les mêmes que celles dont nous venons de parler.

Dion, nous en tombons d'accord, fait fuccéder la Peste dans Rome au grand Incendie émané de notre Volcan fous le Régne de Titus ; mais cette Peste n'avoit fans doute point de liaifon avec les fureurs du Véfuve ; car quel moyen de concevoir que l'embrafement ait porté jufqu'à Rome un mal si cruel, pendant que Naples n'en reffentoit aucune atteinte ? Les fuites de *l'accenfion* devoient à coup fûr être bien plus fortes chez nous.

Ou bien si cette Peste fut un effet de l'embrafement, comme Dion femble vouloir l'infinuer, elle ne provenoit, felon toute apparence, que de la pluie des cendres *Véfuviennes*, qui corrompirent les eaux, les moiffons & les fruits de la campagne (*a*).

Jean Villani, en parlant de l'embrafement d'*Ifchia*, fe fert d'une expreffion qui femble dépofer contre nous; il dit en termes formels, que beaucoup de gens & de beftiaux moururent *de cette Pefte*; & il ajoute que la *même Pefte* dura plus de deux mois (*b*). Mais affurément il n'avoit point en vûe les *Mofetes* dont nous venons de traiter. On doit plutôt juger qu'il n'a employé le mot de *Pefte* ou de *Peftilence* qu'à la maniére des Latins, qui le prenoient

(*a*) Il eft sûr, au refte, qu'on ne fçauroit penfer de cette maniére qu'avec fort peu de fondement; car, quoiqu'en difent quelques Critiques, l'éruption arriva dans le mois de Novembre; Dion & les meilleures éditions de Pline le jeune en fourniffent des preuves inconteftables.

(*b*) Dans *fes Hift. Florent. lib. 8. cap. 53.*

souvent pour quelque calamité mémorable.

Malgré tout cela, nous croyons fermement que les *Mofetes* survenues après le dernier Incendie, ne sont pas un accident nouveau. Outre les raisons qui nous font penser de la sorte, nous avons la tradition pour nous, & nous avons même des témoins oculaires ; car il se trouve encore dans le Napolitain quelques vieillards qui ont vû deux ou trois fois le Phénoméne en question succéder aux fureurs de notre Volcan.

CHAPITRE VII.

De l'état du Véſuve depuis ce dernier Incendie.

Nous avons déja remarqué pluſieurs fois que les embraſements ont cauſé des mutations très-ſenſibles dans la figure & dans la maſſe de notre Montagne: maintenant nous allons parler de l'état où cette derniére éruption l'a laiſſée. Il faut le faire pour éclairer la poſtérité, pour lui donner le moyen de meſurer avec juſteſſe les changements nouveaux qui ſurviendront dans la ſuite des temps.

Nous n'avons point de deſcription bien fidéle, bien particulariſée concernant l'état du Véſuve avant le dernier Incendie. On a publié

publié différents détails sur cette matiére ; mais ils ne sont pas revêtus de tous les caracteres d'authenticité qui doivent accompagner une relation indubitable.

Une chose que nous pouvons assurer, & que tous les Napolitains assureront comme nous, c'est qu'avant la derniére *accension*, le sommet méridional, d'où sortent les feux du Vésuve, étoit beaucoup plus haut qu'il ne l'est aujourd'hui. Non-seulement il étoit plus haut, mais il étoit encore plus pointu, & il paroissoit tel quand on le regardoit de dedans la Ville.

L'intérieur du goufre a changé aussi de disposition ; nous l'inférons de ce que la fumée qu'il exhale presque continuellement, n'est pas toute réunie en un seul nuage, comme elle l'étoit autrefois, parce qu'elle sortoit pour lors d'une seule bouche.

Sortant présentement de cinq ou six bouches assez éloignées les unes des autres, cette fumée forme cinq ou six traces, que l'on distingue très-bien avant le lever du Soleil, quand l'air est net & tranquille; & si quelquefois la fumée s'assemble de maniére qu'on diroit qu'elle jaillit toute d'un même soûpirail, c'est lorsque l'évaporation devient extrêmement copieuse, ou bien lorsque le vent souffle avec vivacité.

Voilà ce que nous appercevons de Naples; il faut donner au Lecteur quelque chose de mieux. Nous observerons 1°. que le périmetre, ou bien le circuit des racines du Vésuve dans leur plus vaste contour, renferme une enceinte d'environ quarante milles d'Italie; mais elles n'ont que trente milles dans leur contour étroit, où chacun les voit s'élever sensiblement au-dessus de la plaine.

2°. La hauteur du sommet septentrional mesurée sur le niveau de la Mer, porte environ sept cents vingt cannes Napolitaines; celle du sommet méridional n'en a que six cents quatre-vingt-six.

3°. La nouvelle crevasse qui s'est ouverte sur le talus du sommet méridional, & d'où nous avons vû déboucher le plus grand torrent, est située à cinq cents cinquante-deux cannes au-dessus de la Mer.

4°. Les deux sommets sont éloignés l'un de l'autre d'environ trois cents quarante cannes par leurs pointes, & de cent cinquante par leurs pieds, c'est-à-dire, dans l'endroit où commence la fourche du Vésuve; endroit que nous appellons vulgairement le *Val d'Atrio*, ainsi que nous l'avons déja témoigné dans quelqu'un des Chapitres précédents.

5°. La pointe du sommet méridional est creuse ; on y voit un gouffre de figure à peu près circulaire en dehors : le plus grand diametre de ce gouffre, que nous nommons autrement *le Bassin* de la Montagne, va presque de l'Orient à l'Occident, & porte trois cents cinquante cannes de longueur.

6°. Ce même gouffre est bordé d'un *ourlet* ou d'une espéce de *lévre* qui s'avance intérieurement en précipice, & qui représente assez bien un rivage élevé dont l'eau d'un Fleuve auroit rongé le dessous.

7°. *L'ourlet* régne presque au même niveau sur toute la circonférence du Bassin, excepté que vers l'Occident on voit déborder quelques crêtes de roches très-dures, qui font précifément compofées de la matière dont eft formée la moëlle de nos *Lavanges*.

8°. Vers l'Orient, où cette *lévre* déborde moins que dans les autres endroits, elle fe trouve au-deffus d'une pente qui va jufqu'au fond du Baffin; ainfi, l'on pourroit y defcendre, mais avec beaucoup de difficulté.

9°. Toute cette ouverture, telle que nous la décrivons, eft la *bouche* d'un abîme qui pénétre les entrailles de la Montagne en forme de cône tronqué; l'ouverture même en fait la baze.

10°. Les parois du goufre font toutes couvertes de cendres vers l'Orient, fi ce n'eft qu'on voit des pointes de rochers qui percent d'efpace en efpace au travers de cette même cendre. Il y a autour de ces rochers quelques foûpiraux

F f iij

secrets d'où la fumée s'évapore; aussi apperçoit-on là beaucoup de concrétions de soufre & de différents sels. Ce côté oriental est celui qui s'incline vers le fond du bassin, & qui offre un talus pour descendre jusqu'en bas, comme nous le disions tantôt.

11°. Au Midi le talus paroît beaucoup plus escarpé, quoiqu'il soit naturellement taillé en gros échellons de pierre. Les plus épais nuages de fumée sortent de ce côté-là, ou du moins ils en sortoient pendant qu'un de nos Académiciens faisoit l'observation que nous rapportons dans cet article; & voilà sans doute pourquoi les concrétions de soufre & de sels sont encore plus copieuses dans l'endroit que nous décrivons maintenant, qu'elles ne le sont sur la pente orientale.

12°. Au Couchant & au Nord

les parois sont taillées presque à plomb. On y voit quelques grosses pierres qui s'avancent en *projecture*, & qui présentent aux yeux un vernis de soufre ; fruit de l'épaisse fumée que le Volcan jette de ce côté-là.

13°. Le fond de ce gouffre s'allonge un peu en tirant du Midi au Septentrion ; sa moindre longueur est de cinquante cannes.

14°. Pendant le cours de nos observations sur l'état intérieur de la Montagne, il y avoit un petit Lac d'eau de pluie qui s'étoit rassemblée vers le côté méridional, & qui couvroit presque une moitié du fond de notre gouffre.

15°. L'eau étoit livide & tiéde ; elle étoit écumeuse aux bords du Lac ; elle avoit un mauvais goût de sel & de soufre. Au reste, dans l'endroit le plus profond, elle ne portoit guéres que deux palmes de hauteur, ou tant soit peu davantage. Quelques grosses pierres que nous y jettâmes pour tâcher de connoître la vérité sur cet article, nous donnerent lieu d'en juger de la sorte.

16°. Un rebord de cendres qui s'élevoit en forme de quai, fermoit le petit Lac; & sur ce quai l'on voyoit clairement les traces de plusieurs filets d'eau, lesquels avoient coulé dans l'autre portion vuide que leur offroit le fond du bassin; mais ils s'y étoient perdus de maniére que cette même portion paroissoit toute séche.

17°. Cette portion séche étoit difformément scabreuse, toute crevassée, toute chargée de sels & de soufre jaunâtres; elle finissoit en conque entre le Couchant & le Nord; & de cette conque, dont le fond étoit plus bas que le

Lac, sortoit de temps en temps une fumée très-épaisse.

18°. Il ne nous fut pas possible de mesurer la profondeur de ce goufre, parce que nous n'avions point de place où nous pussions poser l'instrument nécessaire pour une semblable opération. Voulant néanmoins rassembler toutes les lumiéres que la situation du lieu nous permettoit d'espérer, nous usâmes d'adresse ; nous choisîmes sur le bord septentrional du bassin l'endroit où les parois du goufre, taillées presque à plomb, nous offroient le moins de roches en *saillie* : de sorte qu'en jettant des pierres dans ce même endroit, l'on pouvoit juger qu'en chemin elles ne trouveroient que peu d'obstacle. On en fit donc jetter de très-grosses à cinq différentes reprises, & des personnes postées sur l'autre bord du bassin, mésuroient le temps de la chûte en comptant les battements du pous. Or, les battements du pous allerent presque toujours au nombre de quarante, pendant que chaque pierre tomboit. Ainsi, en prenant le battement pour une seconde, & en supposant que la pierre couroit du point de vibration jusqu'au fond de l'abîme avec une rapidité constamment invariable, cet abîme auroit quatre-vingt-quatre cannes de hauteur (*a*). Il est pourtant vrai que l'homme, dont nous tâtions le pous, étoit fort fatigué d'avoir monté le sommet du Véfuve. D'ailleurs, nous étions en été; une grande affluence de vapeurs sulfureuses échauffoit considérablement l'air d'alentour : toutes ces circonstances annon-

(*a*) En cela nous suivons MM. Mariotte & de la Hire, qui ont observé qu'en tombant, un corps grave parcourt dans la première seconde quatorze pieds de Paris.

çoient que l'artere de cet homme battoit avec plus de vélocité qu'à l'ordinaire, & que par conséquent on avoit tort d'évaluer fur lui un battement pour une feconde. Mais puifque d'un autre côté nous ne fuppofons qu'un fimple mouvement de chûte dans le cours d'une groffe pierre lancée avec quelque effort ; puifque nous excluons l'accélération notable qu'elle devoit effuyer en tombant ; puifqu'enfin notre hypothefe compenfe & l'impulfion & l'accélération avec les obftacles clair-femés qui retardoient la pierre dans fa route, notre calcul n'eft guéres éloigné des loix d'une juftefle géométrique.

Telle étoit la Montagne dans toutes fes parties, lorfque nous allâmes l'examiner (*a*). Au refte,

(*a*) Voyez à la fin de cet Ouvrage le Plan du Véfuve taillé verticalement. On a tâché nous croyons devoir communiquer à nos Lecteurs les idées qui nous vinrent dans l'esprit touchant ce Lac, dont l'eau, quoique nous eussions déja essuyé des pluies considérables, n'embarrassoit au mois de Septembre qu'environ une moitié du fond de notre goufre.

Par-là nous crûmes concevoir clairement quelle est l'origine des eaux qui jaillissent du pied de notre Montagne dans différents endroits voisins, & pourquoi ces mêmes eaux sont chargées d'une vertu minérale qui les rend assez salutaires.

Suivant les mesures que nous avons marquées en gros, la bouche du Volcan porte dans toute sa longueur & dans toute sa largeur 6160000. palmes en carré.

d'y représenter en quelque façon toutes les choses que nous venons de décrire.

Ordinairement l'eau qui tombe dans le district de Naples pendant le cours d'une année, monte à peu près jusqu'à trois palmes de hauteur (*a*); il suit de-là que chaque année le Bassin du Vésuve reçoit environ 18480000. palmes cubiques d'eau de pluie (*b*).

Or, quoique la chaleur souterraine du Volcan fasse évaporer une bonne portion de cette pluie, nous jugeons qu'il doit en rester assez pour fournir perpétuelle-

(*a*) Mesure fondée sur les observations faites par défunt M. Cyrille notre Compatriote, pendant le cours de dix années entieres.

(*b*) Nous disons *environ*, car ce bassin ne reçoit pas effectivement une si grande quantité d'eau; il doit s'en manquer quelque peu, puisqu'autre chose est que la pluie tombe dans un espace donné sur le sommet d'une Montagne, autre chose que la pluie tombe dans un espace de la même étendue au niveau de la Mer. La première position doit assurément rassembler moins d'eau que ne feroit la seconde; on le sent bien par la convergence des lignes que les goutes décrivent en venant du Ciel.

ment de l'eau à la plûpart des puits, & des ruisseaux voisins de notre Montagne.

Ajoûtons toute l'eau de pluie, que la surface du Vésuve doit boire, & qu'elle boit réellement; nous sentirons que cette eau qui coule ensuite dans la terre par des chemins cachés, forme un nouvel espoir de richesse pour nos sources (*a*).

Et qu'on ne dise pas que la cendre, dont les flancs du Vésuve sont couverts, rejette l'eau. Nous confessons que nous l'avons dit nous-mêmes dans plusieurs endroits de cet Ouvrage; mais nous ne parlions que des cendres fraî-

---

(*a*) Il faut avertir ici que le calcul proposé n'a précisément lieu qu'à l'égard de la disposition où se trouve maintenant le bassin de notre Montagne; car avant les mutations causées par le dernier incendie, les choses pouvoient aller un peu différemment ; mais il y avoit toujours dans le sommet du Vésuve une conque pour recevoir quantité d'eau de pluie.

chement lancées hors du goufre, & toutes engluées de matiére bitumineuse.

Cette onctuosité disparoît au bout de quelques tems ; la raison le veut, & l'expérience le démontre. Ainsi nous pouvons compter que nos cendres *Vésuviennes* sont pour lors presque entiérement semblables aux autres terres, & qu'elles n'empêchent plus l'eau de s'insinuer dans les entrailles de la Montagne.

Outre cela, quand nos cendres conserveroient leur onctuosité, l'eau n'en pénétreroit guére moins dans l'intérieur du Vésuve ; car tous les dehors du Vésuve sont criblés de soûpiraux, qui répandent quantité d'exhalaisons sulfureuses dans l'air. Peut-on douter que l'eau ne trouve-là une entrée libre, d'où elle va chercher les canaux les plus secrets, que la nature ait creusés au travers de cette masse énorme ?

Après cela on peut comprendre sans peine que les eaux qui sortent des racines du Vésuve, doivent être imprégnées de minéraux divers, sur-tout de minéraux salins, comme elles le sont véritablement. De-là vient que lorsque l'on en boit, elles passent avec facilité ; elles purgent pendant les premiers jours, elles adoucissent plusieurs indispositions.

Le canton de Pouzzol nous offre un exemple signalé pour confirmer notre opinion touchant l'origine des Eaux *Vésuviennes* ; car la fameuse eau de *Pisciarelli*, qu'on voit jaillir derriére la Solfatare, non loin du Lac d'*Agnano*, ne provient assûrément que des pluies & des neiges qui s'amassent dans le bassin de cette Montagne brûlée.

Comme ce bassin n'est qu'une plaine affaissée dans le milieu, l'eau n'en peut sortir qu'en traversant les entrailles de la Solfatare où elle prend une forte teinture de souffre & d'alun ; ensuite elle débouche très-chaude au pied d'un des rochers, qui bordent exactement toute la Montagne, & qui sans doute en faisoient autant dès le siécle de Strabon, puisque Strabon la nommoit *Campus circumquaque inclusus superciliis, &c.*

Au nombre des changements arrivés dans le territoire de notre Montagne depuis cette derniére éruption, nous mettrons l'embarras du grand chemin vers le côté oriental *de la Tour du Grec* ; car le grand chemin demeure croisé dans cet endroit par l'énorme torrent, qui s'avança jusqu'auprès de la Mer. On voit un *dos gonflé*, qui bouche le passage, tellement qu'en effet on resteroit-là sans pouvoir passer outre, si nos Paysans n'avoient eu l'attention d'applanir les bords de cette *jettée Vésuvienne*, & d'en ôter les pierres les plus incommodes ; encore ne sçauroit-on la monter qu'avec quelque ressentiment de lassitude.

A l'égard des mutations causées par les autres torrents, elles n'ont rien d'assez considérable pour mériter que nous les rappellions maintenant sur la scéne. Nous en avons parlé dans le premier Chapitre de cette relation, tout autant que la matiére l'éxigeoit.

Naturellement notre Ouvrage devroit finir ici ; mais en parlant de *la Tour du Grec* que le torrent menaça dans cette conjoncture, nous ne sçaurions nous dispenser d'ajoûter quelques mots touchant les moyens qui pourroient dérober aux irruptions des *Lavanges* un champ, une maison, ou bien tout autre endroit que l'on voudroit sauver.

On a pour cet effet deux moyens fondés sur la lenteur & sur la mollesse des *Lavanges*. L'un seroit d'élever de gros & bons remparts ou de terre ou de maçonnerie, que l'on dresseroit contre le Véſuve, spécialement dans le chemin, qui selon qu'on le prévoiroit par la disposition du sol, pourroit mener le torrent jusqu'à l'endroit, d'où l'on souhaiteroit l'écarter.

Ce premier moyen réussiroit plus sûrement encore, si au-de-là des remparts l'on avoit l'attention d'arranger le terrein, & de lui donner les dispositions convenables pour exténuer la vigueur du torrent, en lui faisant faire quelques détours. Au surplus ce même moyen-là demanderoit du temps & du travail ; mais on pourroit espérer d'éviter par son secours tous les désastres de l'avenir.

L'autre moyen est plus prompt, plus facile ; on doit l'employer dans les occasions pressantes. Il n'est question que d'avoir assez d'ouvriers pour couper chemin au torrent du feu, soit en creusant de grands fossés sur sa route, soit en lui ouvrant quelqu'autre voie, dont on n'ait rien à craindre.

Nous lisons que dans l'incendie de 1694. nos Napolitains mirent le second moyen en œuvre par ordre du Gouvernement. Un torrent enflammé s'acheminoit vers quelques villages, qu'il menaçoit d'une entière destruction ; mais on fit travailler les esclaves, & quantité d'autres gens à le détourner, & ils en vinrent à bout

Quelques Catanois userent aussi

de ce moyen en 1669. pour mettre leurs possessions à couvert des Lavanges de l'Etna, & ils y réussissoient sans beaucoup de peine, soit en opposant des remparts de terre & de pierre au cours du torrent, soit en perçant le torrent lui-même sur les côtés, afin que sa *moëlle* encore fluide s'épanchât par les troux latéraux de sa croûte, qui étoit déja dure. On peut voir le détail de toute cette manœuvre dans le Borelli (*a*).

(*a*) Voici ses paroles rendues en François. *Chap*. 4. *La matiére ignifiée arriva jusqu'auprès de Catane. Alors la nécessité réveilla les esprits : plusieurs particuliers chercherent des inventions pour sauver leurs biens. Entr'autres Don Xavier Musumeci homme ingénieux & sçavant, Dom Diégue Pappalard, Prêtre de l'Ordre de S. Jean de Jerusalem, & le sieur Jacques Platania, très-habile Peintre, s'imaginerent qu'on pourroit détourner le torrent, & l'empêcher de fondre sur cette belle Ville. Dom Diégue, qui se mit le premier à la besogne, signala merveilleusement son courage & son zéle pour la sûreté publique. Il fit percer le torrent vers sa source occidentale, un peu au-dessous de la bouche nou-*

Au reste nous ne diffimulerons point que de tels expédients ne fçauroient avoir lieu par tout. L'on ne peut guéres s'en fervir que dans les endroits, où le torrent coule fans précipitation ; mais dès

velle. On frappoit le flanc de cette maffe énorme avec de gros marteaux ; on en détachoit des morceaux petrifiés, qu'on tiroit avec des crocs de fer; & comme les Ouvriers quoiqu'ils fuffent couverts de peaux, qui ne laiffoient pas de les garantir, n'auroient pû fupporter long-temps l'exceffive chaleur de cette même maffe, fans en être étouffés, une troupe d'autres gens tout frais les relevoit de moment en moment. Conclufion, ils briferent la croûte extérieure, auffi tôt la moîlle encore fluide s'épancha fur le côté en formant un ruiffeau, qui parcourut un grand efpace de terrein, & qui fans doute en auroit parcouru davantage, fi l'on avoit continué cette dérivation. Lorfqu'enfin le torrent eut furmonté les murs & les autres fortifications avancies, on tâcha de lui fermer promptement l'accès du dedans de la Place, en lui oppofant de bons remparts conftruits avec des pierres, avec de la terre glaife & de la bouë. Cet expédient là eut tout le fuccès poffible; la matière brûlante changea de direction, elle s'alla jetter dans la mer, où elle forma une efpéce de Promontoire, qui avoit bien un mille d'étendue.

qu'il occupe un terrein, dont la pente escarpée le fait tomber impétueusement en bas, nous croyons qu'aucun obstacle n'est suffisant pour l'arrêter, ni pour le détourner ; car nous apprenons du même Borelli qu'en pareille position un torrent de l'Etna pénétra au travers d'une colline : il est vrai que formée des vomissemens de la Montagne, cette colline dans toute son épaisseur n'étoit qu'un tas de matériaux sans liaison ; néanmoins on conçoit qu'il falloit beaucoup de force pour la percer de part en part.

Peut-être se moquera-t-on des avis que nous venons de proposer contre la fureur du torrent *Vésuvien*. Les uns pourront juger que ces sortes d'expédients sont impraticables ; d'autres croiront que nous devions nous dispenser d'en parler dans cette Histoire, puisqu'avec tant soit peu de bon sens, chacun doit les imaginer de soi-même, dès que la situation l'exigera.

L'expérience faite par les Catanois & par les Napolitains nous met au-dessus du premier reproche; en effet on ne sçauroit nous accuser de débiter des chiméres, puisque nos expédients ont déjà réussi dans des occasions mémorables.

Quant au second reproche, nous observerons que les inventions les plus faciles sont quelquefois celles qu'on cherche le plus longtemps sans les trouver. Quoi qu'il en soit, nous avons crû qu'après le sçavant Borelli, nous pouvions fort bien nous étendre sur une matiére, dont les moindres particularités intéressent le repos des Nations.

Enfin nous nous flattons que
les

les Etrangers pourront nous sçavoir bon gré de cette notice, & que notre Patrie en tirera peut-être quelque utilité, sur-tout dans le territoire de *Portici*, où le bruit court que le Roi va faire bâtir une maison de plaisance. *Portici* désormais précieux aux Napolitains sera l'objet de nos plus tendres attentions ; l'idée d'en écarter jusqu'aux moindres désagréments, nous fait maintenant répéter de vieux conseils touchant les *Lavanges* embrasées ; là même idée nous a suggéré dans le Chapitre précédent une invention nouvelle contre les *Mofetes*. En tout cela nous cherchons plutôt l'honneur de passer pour bons sujets, que la gloire de signaler notre génie.

F I N.

de fois que bon lui semblera, & de la vendre, faire vendre & débiter par tout notre Royaume, pendant le tems de trois années confecutives, à compter du jour de la date defdites Prefentes. Faifons défenfes à tous Libraires Imprimeurs, & autres Perfonnes, de quelque qualité & condition qu'elles foient, d'en introduire d'impreffion étrangere dans aucun lieu de notre obéïffance : à la charge que ces Préfentes feront enregiftrées tout au long fur le Regiftre de la Communauté des Libraires & Imprimeurs de Paris, dans trois mois de la date d'icelles ; que l'impreffion de ladite Hiftoire fera faite dans notre Royaume & non ailleurs, & que l'Impetrant fe conformera en tout aux Reglemens de la Librairie, & notamment à celui du 10. Avril 1725. Et qu'avant que de l'expofer en vente, le Manufcrit ou Imprimé qui aura fervi de Copie à l'Impreffion de ladite Hiftoire, fera remis dans le même état où l'Approbation y aura été donnée, ès mains de notre trèscher & féal Chevalier le Sieur Daguesfeau, Chancellier de France, Commandeur de nos Ordres, & qu'il en fera enfuite remis deux Exemplaires dans notre Bibliotheque publique, un dans celle de notre Château du Louvre, & un dans celle de notre très-cher & féal Chevalier, le Sieur Daguesfeau, Chancelier de France, Commandeur de nos Ordres ; le tout à peine de nullité des Préfentes : Du contenu defquelles vous mandons & enjoignons de faire joüir l'Expofant ou fes ayans caufe, pleinement & paifiblement, fans fouffrir qu'il leur foit fait aucun trouble ou empêchement.

APPROBATION.

J'Ai lû, par ordre de Monseigneur le Chancelier, l'*Histoire de l'Incendie du Mont Vésuve, arrivé en Mai* 1737. dont j'ai crû qu'on pouvoit permettre l'impression. Fait à Paris ce premier Juin 1740. Signé, MONTCARVILLE.

PRIVILEGE DU ROI.

LOUIS, par la Grace de Dieu, Roy de France & de Navarre : A nos amés & féaux Conseillers, les Gens tenans nos Cours de Parlement, Maîtres des Requêtes ordinaires de notre Hôtel, Grand Conseil, Prevôt de Paris, Baillifs, Sénéchaux, leurs Lieutenans Civils & autres nos Justiciers qu'il appartiendra; SALUT. Notre bien amé PIERRE-MICHEL HUART, Libraire-Imprimeur de notre très-cher Fils le Dauphin, & Libraire à Paris, Ancien Adjoint de sa Communauté, Nous ayant fait remontrer qu'il souhaiteroit faire imprimer & donner au Public un Manuscrit qui a pour titre *Histoire de l'Incendie du Mont Vésuve, arrivé au mois de Mai* 1737. s'il nous plaisoit lui accorder nos Lettres de permission sur ce nécessaires; offrant pour cet effet, de le faire imprimer en bon papier & beaux caracteres, suivant la feüille imprimée & attachée pour modele sous le contre-scel des Présentes, Nous lui avons permis & permettons par ces Présentes, de faire imprimer ladite Histoire ci-dessus spécifiée, conjointement ou séparément, & autant

Voulons qu'à la Copie desdites Presentes, qui sera imprimée tout au long au commencement ou à la fin de ladite Histoire, foy soit ajoûtée comme à l'Original : Commandons au premier notre Huissier ou Sergent, de faire pour l'execution d'icelles tous Actes requis & necessaires, sans demander autre permission, & nonobstant Clameur de Haro, Charte Normande. & Lettres à ce contraires. CAR tel est notre plaisir. Donné à Versailles le trente-uniéme jour de Decembre, l'an de grace mil sept cens quarante, & de notre Regne le vingtiéme-sixiéme. Par le Roy en son Conseil
Signé, SAINSON.

Regiftré fur le Regiftre X. de la Chambre Royale & Syndicale de la Librairie & Imprimerie de Paris, N°. 421. Fol. 411. conformément aux anciens Réglemens, confirmés par celui du 28. Fevrier 1723. A Paris ce 5. Janvier 1741.
Signé, SAUGRAIN, Syndic.

EXPLICATION DE LA FIGURE repréſentant le Mont Véſuve vû du Palais du Roi.

1. Sommet méridional du Véſuve, par où ſort le feu.
2. Sommet ſeptentrional du Véſuve, vulgairement *le Mont de Somme*.
3. Enceinte tortueuſe de Rochers, du côté du Septentrion.
4. Vallée entre les deux ſommets, vulgairement *le Val d'Atria*.
5. Nouvelle ouverture du Torrent de feu.
6. Premiere ouverture, vulgairement *le Plan*.
7. Route du Torrent de feu nouvellement ſorti.
8. Chapelle de Saint Janvier.
9. Coline où eſt le Deſert des Camaldules.
10. Egliſe de Sainte Marie de la Ponille.
11. Retina.
12. Portice.
13. Leucopetra.
14. Village de Saint Sebaſtien.
15. Maſſa, Village.

16. Trochlea, Village.
17. Barna, Village.
18. Terducio, Village.
19. Fort nouvellement bâti pour la défense de la Côte.
20. Tours de Mole.
21. Embouchure du Sebete, avec son Pont.
22. Extrémité du Fauxbourg oriental.
23. Partie du Bassin de Naples.
24. Tour d'Octave, qu'on croit être à la place de l'*Herculonium*, ou Tour d'Hercule.

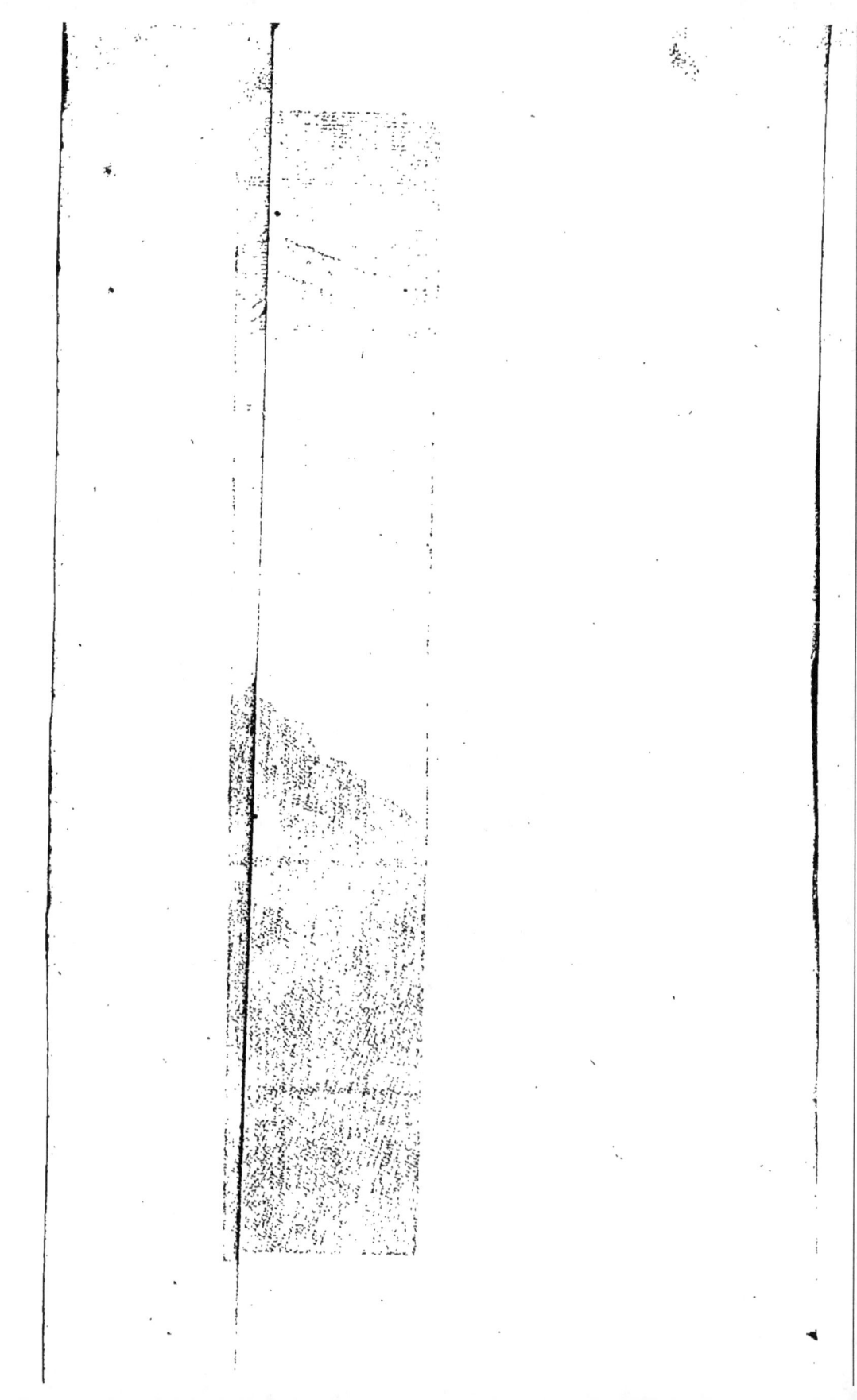

EXPLICATION DE LA FIGURE représentant le Mont Vésuve coupé par son sommet.

1. Sommet par où sort le feu.
2. Bassin, ou Gouffre que l'on voit en haut depuis la derniere éruption.
3. Pente douce du côté du Levant, par laquelle on descend au fond du Bassin.
4. Pente du côté du Couchant, escarpée & impraticable.
5. Vûë du dedans du Bassin, qui est tout brûlé & couvert de Roches.
6. Fond du Bassin, inaccessible, parce qu'il est en partie propre à retenir facilement l'eau de la pluie; & en partie coupé de crevasses & de trous, qui exhalent presque continuellement de la fumée.
7. Autre sommet du côté du Nord.
8. Rochers du côté du Nord, qui entourent en partie le sommet enflammé.

9—10

www.ingramcontent.com/pod-product-compliance
Lightning Source LLC
Chambersburg PA
CBHW071907230426
43671CB00010B/1506